Paris
1894

Audiffrent, Georges

Centenaire de la fondation de l'Ecole polytechnique. A. Comte, sa plus puissante émanation...

CENTENAIRE DE LA FONDATION
DE
L'École Polytechnique

AUGUSTE COMTE

SA PLUS PUISSANTE ÉMANATION

NOTICE
SUR SA VIE ET SA DOCTRINE

OFFERTE EN HOMMAGE A SES CAMARADES

par le

DOCTEUR G. AUDIFFRENT

ANCIEN ÉLÈVE DE L'ÉCOLE POLYTECHNIQUE

PARIS

LIBRAIRIE PAUL RITTI, AVENUE DU MAINE, 76

1894

Imp. Gauthern et Cie 131, rue de Vaugirard, Paris

NOTICE
SUR LA VIE ET LA DOCTRINE
D'AUGUSTE COMTE

CENTENAIRE DE LA FONDATION

DE

L'École Polytechnique

AUGUSTE COMTE

SA PLUS PUISSANTE ÉMANATION

NOTICE

SUR SA VIE ET SA DOCTRINE

Offerte en hommage à ses Camarades

PAR LE

DOCTEUR G. AUDIFFRENT

ANCIEN ÉLÈVE DE L'ÉCOLE POLYTECHNIQUE

PARIS

LIBRAIRIE PAUL RITTI, AVENUE DU MAINE, 76

1894

Auguste COMTE

Tu duca, tu signore e tu maestro.

(Dante)

Nul ne pouvait certainement prévoir les hautes destinées réservées à ce jeune adolescent, qui entrait à l'âge de seize ans à l'École polytechnique. Son extrême précocité, ses puissantes facultés d'assimilation avaient sans doute frappé ses professeurs et ses camarades. Tous pouvaient voir déjà en lui le futur homme supérieur et lui marquer d'avance une place parmi les plus illustres; mais nul ne pouvait soupçonner sous cette enveloppe délicate, sous ce corps arrêté dans son développement, le futur régénérateur d'une société en décomposition, l'émule des plus grands novateurs. La vie de cet adolescent, si rapidement fait homme, appartient depuis longtemps à l'histoire. L'École polytechnique, en célébrant aujourd'hui le centenaire de sa fondation, peut avec fierté inscrire un nom glorieux sur son Livre d'or.

L'honneur qu'on me fait, en me demandant de résumer l'ensemble de cette grande existence, m'impose le devoir de me recueillir pour ne pas rester trop inférieur

à une pareille tâche. En l'acceptant, j'ai voulu payer une
dette de reconnaissance à celui de qui j'ai tant reçu. Je ne
sais pourtant si, malgré tous mes efforts, je saurai exprimer
tout ce que mon esprit renferme d'admiration et mon cœur
de gratitude pour celui qui me fit entrevoir, lorsque je n'étais
qu'un élève dissipé et insouciant de l'avenir, que la vie est
une chose sérieuse, qu'on ne doit pas la gaspiller follement
quand tout un monde est en défaillance, quand de grandes
questions se trouvent posées et que de leur solution dépend
la régénération de toute une société.

Deux volumes importants ont été publiés sur l'œuvre et
la vie d'Auguste Comte. L'un émane d'un disciple dévoué,
encore plein de la pensée du maître, pénétré de respect
pour sa mémoire, M. le docteur Robinet. L'autre est une
œuvre de haine, due à la plume d'un érudit, qui a joui
pendant quelque temps d'un grand crédit parmi les littérateurs, ses semblables, scientifiques ou autres, M. Littré.
On trouvera dans ces deux volumes de précieux et nombreux renseignements sur le fondateur du Positivisme,
quoique l'un et l'autre aient été inspirés par des sentiments
différents. Nous faisons de nombreux emprunts au premier;
les faits relatés dans le second ne sauraient être acceptés
sans commentaires.

Voici ce que nous relevons sur les registres de l'état-civil
de Montpellier :

L'an six de la République et le premier Pluviôse, s'est présenté, au
bureau de l'état-civil, avec un enfant, Louis-Auguste Comte, négociant,
qui nous a déclaré que le jour d'hier (30 Nivôse, An VI -
19 janvier 1798), à midi, dans la maison du jardin Sulse, vis-à-vis
la Merey, est né Isidore-Auguste-Marie-François-Xavier, fils légitime
dudit Comte, et de Félicité-Rosalie Boyer, mariés.

Témoins : Laurent Sauvadel, âgé de vingt-huit ans, et Pierre Flottes,
âgé de quarante-cinq ans, tous deux employés du département, habitant
cette commune.

Signés, avec le père et nous :

Comte, Sauvadel, Flottes, Gourgues.

Signés au registre.

M. Louis-Auguste Comte, père, est né à Saint-Hippolyte (Gard), en 1777; il était négociant à Montpellier à la naissance de son fils, et devint plus tard fondé de pouvoir du receveur général de l'Hérault. Il est mort à Montpellier, le 10 juin 1859, à l'âge de quatre-vingt-deux ans. Il avait donc vingt un ans à la naissance de son fils.

Sa femme, Mme Félicité-Rosalie Boyer, est née à Jonquéres, canton de Gignac, arrondissement de Lodève (Hérault). Elle est morte à Montpellier le 3 mars 1837, âgée de soixante-douze ans, porte l'acte de décès. Mme Comte avait donc trente-trois ans à la naissance de son fils et douze ans de plus que son mari. La famille Comte appartenait à la religion catholique. Mme Comte était, comme beaucoup de méridionales, très ardente dans sa foi.

La maison Salso, où est né Auguste Comte, est située dans un grand jardin, ayant une habitation à ses deux extrémités. Ce jardin a été divisé en deux, il y a une douzaine d'années. D'après l'acte de naissance, c'est dans la maison placée en face l'église de la Merci qu'est venu au monde le futur novateur. Cette maison est aujourd'hui la cure de l'église de la Merci.

On a sans doute constaté la différence d'âge considérable qui existait entre les époux Comte. Il y aurait peut-être là matière à réflexion sur la nature du produit. De leur mariage naquirent encore deux autres enfants, un garçon et une fille. Le garçon, embarqué, à la suite de quelque démêlé avec sa famille, sur un navire de commerce, mourut, jeune encore, de la fièvre jaune, dans une de nos colonies, à la Martinique, je crois. Mlle Alice Comte, qui survécut à son frère, mourut à Montpellier à un âge avancé.

Le jeune Comte, qu'on appelait familièrement le *Comtou*, suivant l'usage du pays, à cause de sa petite taille et de la délicatesse de sa constitution, se montra d'un esprit très précoce. Ceux qui ont vécu dans son intimité ont pu constater que chez lui la partie supérieure du corps était très développée : les bras longs, plus que ne semblait l'exiger la taille, le bassin exigu et les membres inférieurs assez courts. Un anatomiste eût immédiatement pensé, en l'examinant, que le développement trop rapide de la partie supérieure du corps et principalement de la tête, avait pu arrêter, ou plutôt contenir celui de la partie inférieure. On fait la même observation devant la statue de notre Bichat.

On donna de bonne heure au jeune Comte un instituteur, déjà âgé, qui l'initia rapidement aux choses élémentaires. Le vieux professeur était souvent encore couché quand son élève se présentait le matin à sa porte. Plus d'une fois, il dut frapper longtemps avant qu'on lui ouvrit. A neuf ans, Auguste Comte entrait, comme élève interne, au lycée de Montpellier. A douze ans, il était pourvu de l'instruction littéraire qu'on donnait alors. A la demande du proviseur du lycée, sa famille consentit à lui faire commencer les études mathématiques. Un an avant l'âge fixé, c'est-à-dire à quinze ans, il était examiné pour l'École polytechnique. Ce ne fut que l'année suivante, après de nouvelles épreuves, qu'il y fut admis, le premier sur l'une des quatre listes présentées par les quatre examinateurs chargés de l'admission. Dans l'intervalle de ces deux épreuves, son professeur de mathématiques, le vénérable Daniel Encontre, dont la santé était fort délicate, se faisait souvent suppléer par lui. Monté sur une chaise, à cause de sa petite taille, il faisait la classe à ses condisciples.

Le souvenir de son ancien professeur, homme d'un savoir étendu et très varié, ne sortit jamais de sa mémoire. C'est à lui qu'il dédia, à la fin de sa vie, le volume mathématique, de la *Synthèse subjective*.

A l'École polytechnique, le nouvel élève fut bientôt apprécié par ses maîtres et ses camarades. Dans le classement de fin d'année, son indiscipline et son inhabileté graphique le firent descendre au neuvième rang. Autant il était estimé de ses professeurs et de ses condisciples, à qui sa haute valeur ne tarda pas à se révéler, autant il était insubordonné à l'égard des agents inférieurs, préposés au maintien de la discipline intérieure de l'école.

Les heures de récréation, qui étaient alors ce qu'elles sont aujourd'hui, étaient par lui consacrées à la lecture des philosophes et des savants du xviii° siècle. A l'âge de seize ans, au dire de ses camarades, il avait la raison et la maturité d'un homme. Son caractère inflexible se manifesta en toute occasion et ne se démentit jamais. Avant son entrée à l'École, il supporta avec intrépidité, sans pousser un cri, une opération que lui fit le célèbre chirurgien Delpech, pour lui enlever une tumeur du cou.

L'École polytechnique avait conservé l'esprit républicain quand Auguste Comte y arriva; il y était encore très vivace.

Les douloureux évènements qui marquèrent la fin du régime de Bonaparte étaient bien faits pour enflammer une jeune imagination. Le patriotisme du futur philosophe fut mis à une bien cruelle épreuve quand il fut appelé, avec sa promotion, sur la butte Chaumont, pour la défense de Paris. A la rentrée des Bourbons, le gouvernement profita d'un de ces évènements fréquents, quand les jeunes têtes sont montées, pour licencier l'École polytechnique, dont l'esprit lui déplaisait. Par son manque d'égard, un répétiteur avait blessé de jeunes susceptibilités; en vertu de l'esprit de solidarité qui liait les deux promotions, celle de la seconde année fit cause commune avec celle de la première.

Une lettre comminatoire fut écrite au malencontreux répétiteur. Elle est bien courte, la voici :

« Monsieur,

« Quoiqu'il nous soit pénible de prendre une telle
« mesure envers un ancien élève de l'École, nous vous
« enjoignons de ne plus y remettre les pieds. »

Les deux promotions furent licenciées, et l'auteur de la lettre, le jeune Comte, fut renvoyé dans sa famille et mis sous la surveillance de la police. Cette surveillance ne fut ni bien longue ni bien rigoureuse, quand on apprit que l'auteur était républicain et non bonapartiste. Il utilisa les quelques mois de séjour qu'il fit à Montpellier pour suivre les cours de la fameuse Faculté, qui comptait alors dans son sein tant d'esprits distingués. Ce fut là qu'il commença son initiation biologique, qu'il devait plus tard compléter avec Blainville.

Auguste Comte eut pour camarades à l'École polytechnique plusieurs personnages qui devaient, plus tard, en diverses carrières, laisser un nom. Dans sa promotion, celle de 1814, nous trouvons les noms de Duhamel, de Lamé, de Gondinet. Il eut pour ancien, dans la promotion de 1813, Talabot et Enfantin. La faconde de ce dernier lui avait valu de ses camarades la qualification d'*orateur*. Auguste Comte était pour eux le *penseur*.

M. Poinsot, alors professeur d'analyse à l'École, ne pouvait méconnaître les aptitudes du jeune penseur, à qui il s'intéressa pendant tout le cours de sa carrière. Il ne fut pas peu surpris de la hardiesse d'une conception qu'il lui communiqua peu de temps après sa sortie et qui devait rester stérile, jusqu'à ce qu'il l'eût développée plus tard dans le cours de sa seconde vie. Nous voulons parler de l'institution, toute subjective, de l'espace, limitée encore aux seuls phénomènes de l'étendue.

Rentré à Paris après son séjour à Montpellier, Auguste Comte n'eut pour toute ressource que l'enseignement mathématique. Il compléta son instruction encyclopédique par des études biologiques et la lecture des philosophes. Il avait alors assez de loisir pour suivre les cours publics. Dois-je parler d'un fait, qu'il communiqua à l'un de ses disciples? Le voici : Le fameux Delambre faisait un cours d'astronomie, qui était d'abord assez suivi. Au bout de quelques semaines, il ne comptait plus qu'un seul élève, dont l'assiduité l'avait frappé. « Vous êtes jeune, lui dit-il un jour, et je suis vieux. Le temps est souvent mauvais à Paris, surtout le soir. Vous plairait-il de venir chez moi, nous serions en de meilleures conditions pour continuer un cours qui semble vous intéresser. » La proposition ne pouvait qu'être acceptée et le cours fut continué chez l'illustre astronome à qui nous devons l'*Histoire de l'Astronomie* et qui releva la gloire d'Hipparque éclipsée sous la faconde de Ptolémée.

Les leçons de mathématiques n'enrichissent pas, et la situation devint si difficile que le jeune professeur faillit quitter la France. Le général Bernard, chargé de former un corps de professeurs pour fonder une école polytechnique à Washington, voulut l'emmener avec lui pour lui confier une chaire de mathématiques. Le projet échoua heureusement et Auguste Comte nous resta.

C'est dans sa correspondance avec un de ses anciens camarades, M. Vallat, qu'il faut lire ses débuts dans la vie. Avec quel enthousiasme, quel sentiment de sa haute valeur il aborde les grandes questions pendantes ; il arrête le plan de la carrière qu'il s'assigne dès ses premiers pas dans la vie. Son grand cœur s'y révèle autant que sa haute portée philosophique. De quelle tendresse, de quelle sollicitude n'entoure-t-il pas ses anciens camarades. On eût dit qu'il voulait leur infuser tout son cœur. Quelles déceptions ne se préparait-il pas ?

Ses méditations eurent bientôt franchi les limites de la science d'alors, dont il s'était rapidement assimilé l'ensemble. Le grand spectacle historique va désormais fixer son esprit. L'histoire doit devenir une science, avait dit l'un de ses plus illustres prédécesseurs, le grand penseur anglais, le philosophe Hume. Condorcet, dans un mémorable opuscule : *Essai sur les Progrès de l'Esprit humain*, avait tenté de montrer la marche de l'esprit humain et de trouver les lois qui président à notre évolution. C'était assez pour enflammer le jeune philosophe et assigner un but précis à son activité. Quel spectacle présentait alors notre vieille société ? La tourmente révolutionnaire avait renversé tout ce qui appartenait à l'ancien régime : croyances, institutions du passé, tout gisait pêle-mêle, rien n'avait été remplacé. Pour tout penseur, la Révolution pouvait apparaître comme un immense avortement. Le monde ne présentait que des ruines. Pour en constituer un nouveau il fallait d'autres bases, d'autres assises.

Initié, à un âge où l'on est encore sur les bancs, à toutes les connaissances réelles, émancipé, comme il le dit, dès l'âge de treize ans, de toutes les croyances théologiques, le jeune philosophe était certainement dans les meilleures conditions pour aborder la grande mission qu'il avait assignée à sa vie.

Dans un premier opuscule, paru en 1817, nous trouvons cette formule remarquable : « Tout est relatif, voilà le seul principe absolu. » Elle nous prouve d'abord que l'auteur, à peine âgé de dix-neuf ans, non seulement est affranchi de toutes les fictions surnaturelles, mais que son esprit est dégagé de toutes les entités de la vieille métaphysique. Étendue à l'ensemble de nos connaissances, elle nous montre déjà que pour lui, les phénomènes sociaux, aussi bien que les phénomènes physiques, sont soumis à d'immuables lois.

Un second mémoire, qui porte la date de l'année suivante, traite de la liberté de la presse. Il la considère comme confiant à chaque citoyen une autorité consultative. N'est-ce point là déjà l'ébauche d'une pensée qu'il développera quelques années après : *De la nécessité de la liberté spirituelle et d'un nouveau pouvoir directeur.*

Un troisième opuscule porte la date de 1819 : il fut écrit pour le *Censeur* ; mais il n'y fut jamais inséré. Son titre, *Séparation entre les Opinions et les Désirs,* suffit pour nous montrer que c'est la même idée que celle qui a présidé à la composition des deux opuscules précédents, qui continue à le dominer. Quelle est la part que la masse d'une nation doit prendre au gouvernement, telle est la question qu'il se pose : « Le public seul doit indiquer le but, dit-il, parce que s'il ne sait pas toujours ce qu'il lui faut, il sait parfaitement ce qu'il veut et personne ne doit s'aviser de vouloir pour lui. Mais pour les moyens d'atteindre ce but, c'est aux savants en politique à s'en occuper exclusivement, une fois qu'il est clairement indiqué par l'opinion publique. » Qui ne voit là l'idée prépondérante chez le jeune novateur, de la nécessité d'une pleine séparation entre le spirituel et le temporel.

Dans le travail qu'inséra, en avril 1820, l'*Organisateur*, nous trouvons une sommaire appréciation de l'ensemble du passé moderne. Une pareille appréciation supposait, bien entendu, une pleine connaissance du régime antérieur. Les travaux de de Maistre, de Bonald et de Chateaubriand avaient montré le régime catholico-féodal sous son vrai jour. Pour tout penseur éclairé ce n'était plus la nuit du moyen-âge. La séparation des deux pouvoirs, spirituel et temporel, auquel ce régime doit sa constitution, apparaissait comme un immense progrès dans la marche de la civilisation. Aux uns le conseil, aux autres l'action. Un pareil régime ne pouvait succomber que sous la pression de l'industrie naissante et de la science moderne, appelées à remplacer les deux anciens pouvoirs. Cette sommaire appréciation du passé, rattaché à ses véritables antécédents, catholico-féodaux, devait faire déjà pressentir la loi du progrès social. Le jeune penseur a, en effet, déjà reconnu que notre manière de concevoir le monde et l'homme doit influer sur nos actes. A travers la constitution du passé humain, il peut entrevoir la constitution de l'avenir. Au début de sa carrière, la science de l'étendue et du mouvement, celle du monde physique et de la vie sont déjà soumises à des lois positives. Les phénomènes sociaux et moraux ne sauraient tarder à montrer celles qui les régissent. Le mémoire de 1820 fait pressentir la découverte de la loi des *trois états*, qui préside à la marche de nos conceptions quelconques, abstraites ou concrètes.

Dans le mémoire de 1822, qui suit à courte échéance, nous voyons, en effet, se manifester la grande loi qui fixe définitivement la carrière du jeune philosophe et nous ouvre les voies de l'avenir. Ce mémoire a pour titre : *Plan des travaux scientifiques, nécessaires pour réorganiser la Société*. L'auteur a vingt-quatre ans.

Deux doctrines se trouvent en présence, dit-il, celle des rois, profondément rétrograde, qui veulent rétablir l'ancien ordre de choses; celle des peuples, essentiellement anarchique, laquelle aspire confusément à constituer un ordre nouveau. Leur opposition, toujours compromettante pour l'ordre social, ne peut cesser que par l'avénement

d'une doctrine nouvelle. Que pouvait être cette doctrine?
Elle ne pouvait sortir que de la contemplation du grand
spectacle de l'évolution humaine, qui apparaissait au jeune
novateur dans toute sa continuité. Si nos opinions doivent
influer sur nos actes, s'est-il dit, l'étude de ceux-ci ne doit-
elle pas nous révéler la marche de nos pensées? Les
grandes phases de notre évolution sociale nous présentent,
en effet, l'état théologique précédant partout l'état métaphysique, ou des abstractions personnifiées, dans la marche
de la civilisation et l'état scientifique succédant à l'état
métaphysique. Il n'y avait qu'un pas à faire pour étendre
cette succession à l'ensemble des conceptions humaines.
Celui à qui son extrême précocité avait permis d'embrasser
toute la série de nos connaissances, en un mot toute la
hiérarchie scientifique, pouvait trouver dans chacun de ses
termes la confirmation de la loi que lui révélait le spectacle
historique, et proclamer que toutes nos conceptions,
quelles qu'elles soient, passent par les trois états : théologique, métaphysique et scientifique ou positif, avant d'arriver à leur maturité. Cette mémorable découverte, préparée,
comme nous croyons l'avoir montré, par une série de
travaux antérieurs, sortit, au dire du jeune philosophe,
d'une méditation qui ne dura pas moins de cinquante-six
heures. Elle ouvrait à la pensée une ère nouvelle.

A cette loi des trois états s'ajoute bientôt celle du classement. Nos diverses conceptions n'arrivent pas toutes en
même temps à l'état positif, ni dans un ordre arbitraire.
Lorsque les unes étaient encore à l'état métaphysique, ou
même théologique, d'autres s'élevaient déjà à l'état positif.
La même méditation qui révélait la première loi devait
aussi révéler la seconde, en les montrant suivant dans
leur succession l'ordre de la généralité décroissante et de
la complication croissante. Tel est l'ordre d'avénement

de toutes les conceptions positives et aussi celui que doit logiquement respecter tout classement. A ces deux grandes lois s'ajoutera encore une troisième, que révèle encore le spectacle historique. Elle est relative à la marche de notre activité, d'abord offensive ou conquérante, puis défensive et enfin constructive ou industrielle. Sur ces diverses lois toute une philosophie de l'histoire va se constituer. S'inspirant maintenant des dangers de notre situation sociale et de ses besoins. Il va aussi formuler les travaux qu'il croit nécessaire pour réorganiser la société.

C'est aux savants qu'il s'adresse; c'est un nouveau pouvoir directeur qui manque, leur dit-il, c'est une nouvelle autorité spirituelle. Il leur indique, dans un dernier opuscule en date de 1826, les conditions que celle-ci doit remplir pour répondre à la haute mission qu'il leur assigne. On lira toujours avec le plus vif intérêt les mémorables considérations sur le pouvoir spirituel, qui passionnèrent tant les lecteurs du journal le *Producteur*. « Aux uns, disait-il, le conseil, aux autres, l'action. » Quels doivent être les caractères distinctifs des deux grands pouvoirs humains? Lorsque tous les principes sur lesquels était fondé l'ancien ordre social sont épuisés, lorsque la doctrine négative, qu'on a voulu leur substituer, compromet de plus en plus la marche de la civilisation. c'est au conseil plus que jamais à diriger l'action. La famille occidentale tout entière est sans lien, livrée au hasard des événements; rien pour en rapprocher les divers éléments épars, que des intérêts, souvent opposés. L'esprit public est de plus en plus faussé par des sophismes, la moralité commune. laissée sans frein, est partout défaillante. C'est au nouveau pouvoir à reconstituer sur de nouvelles bases une nouvelle direction, qui doit s'étendre aux sentiments aussi bien qu'aux pensées et aux actes. Voilà ce que le jeune novateur ose espérer des savants ses contemporains. Voilà ce qu'il attend de leur dévouement à la chose publique. Avait-il trop attendu d'eux? Il avait vingt-huit ans, c'est l'âge des grandes espérances et aussi des grandes illusions. Son cœur, toujours ouvert aux grandes aspirations, pouvait-il l'en préserver? Cependant sa parole ne reste pas sans écho. Un cours particulier qu'il ouvrit chez lui eut pour auditeurs les hommes les plus remarquables de son temps : Fourier, l'éminent secrétaire perpétuel de l'Académie des sciences; Humbold, Blainville, Broussais et autres ne dédaignaient pas d'aller écouter la parole du jeune philosophe, qui leur ouvrait tout un monde nouveau. Le grand souffle du xviii° siècle n'était pas encore étouffé. La science avait encore de dignes représentants. Personne parmi eux ne méconnaissait le caractère transitoire de la situation. L'avortement de la grande crise révolutionnaire, bien loin d'avoir jeté le découragement dans cette famille d'élite, lui avait fait sentir la nécessité de chercher de nouvelles voies.

Ici s'arrête la première partie d'une noble carrière. Une crise cérébrale, sur laquelle nous reviendrons plus tard, vint suspendre un cours commencé sous de si heureux auspices.

C'est en vain que plus tard la malveillance a voulu contester la continuité d'action du jeune novateur et méconnaître l'homogénéité de la doctrine. Il n'a pas, sans doute, prononcé encore le mot, mais quiconque lira avec l'attention qu'ils comportent les premiers opuscules que nous venons de rappeler, se convaincra que c'est une nouvelle religion qui est ici en préparation, tout un dogme nouveau, basé sur la double connaissance du monde et de l'homme, l'un et l'autre soustraits à l'empire des volontés surnaturelles et des entités d'une décevante métaphysique.

Son insistance à vouloir constituer un nouveau pouvoir spirituel, une direction s'étendant à la fois au gouvernement des âmes et des choses, rétablissant l'antique solidarité occidentale, instituant, par l'éducation, la culture du cœur et de l'esprit, montrait assez ce qu'il formulera plus tard, quand il procédera, directement à la fondation de la religion de l'Humanité. D'abord spontanée, puis inspirée, ensuite révélée, la religion, dira-t-il, conçue dans la succession des âges, visant toujours le même but, doit devenir enfin démontrée, pour répondre aux éternelles exigences du cœur et de l'esprit, qu'aucune des formes religieuses antérieures ne put ni ne sut concilier.

Cette première phase de la vie du grand novateur ne s'est point accomplie dans le calme et la sécurité matérielle qu'exigent les grandes conceptions. La lutte pour la vie fut presque toujours cruelle pour lui, et les obstacles dont il fallut triompher auraient paralysé un caractère moins bien trempé, étouffé des convictions moins bien établies et un cœur moins pénétré de la grande mission que semblait lui assigner l'ensemble des destinées humaines.

II

Sans fortune personnelle, ne recevant rien de sa famille, n'ayant pas été classé à sa sortie de l'École polytechnique, le jeune philosophe est réduit, pour vivre, à donner des leçons de mathématiques. Il accepte courageusement sa position sans trop se préoccuper de l'avenir. Ses qualités didactiques ne tardèrent pas à le recommander; s'il eut des ennemis parmi des professeurs routiniers, qui s'imposaient en quelque sorte par leur position officielle, il eut, par contre, dans son ancien professeur d'analyse, M. Poinsot, un puissant protecteur. C'est à lui qu'il dut, en 1817, d'avoir pour élève un prince de Carignan. Malgré ce puissant patronage, sa position resta longtemps précaire.

Nous avons parlé de son projet de passer en Amérique, à la suite du général Bernard. Voulant se procurer une position plus stable, il eut aussi un instant l'idée d'entrer comme professeur de mathématiques dans l'Université. L'esprit de cette corporation, alors en grande partie recrutée dans la jeunesse studieuse du siècle précédent, n'était pas, certes, ce qu'il fut plus tard, lorsque le pédantisme y prévalut. Il renonça bientôt à ce projet. Ses premiers écrits l'avaient assez favorablement posé pour que, lorsqu'il fut question, en 1827, de créer une inspection du commerce et de l'industrie, MM. Poinsot, Charles Dupin, J.-B. Say, Terneaux, Guizot lui-même, appuyassent vivement sa demande et se fissent garants de sa haute

valeur théorique. Cette création, comme bien d'autres,
resta à l'état de projet. C'est au milieu des plus grands
embarras financiers que furent écrits les opuscules qui le
recommandèrent à l'attention des meilleurs esprits de son
temps et fixèrent définitivement sa carrière philosophique.
De sa retraite de Magdebourg, le grand Carnot lui envoyait
des félicitations. M. de Villèle se montra très sympathique
à ses premières productions. Retiré de l'enseignement et
de la vie active, l'honorable Hachette l'encourageait à
persévérer dans ses idées et à ne faire aucune concession
au nouvel esprit du siècle.

Quelque écourtée que doive être la Notice que nous
écrivons, on ne peut cependant se dispenser de faire
mention d'une phase des plus mémorables de la jeunesse
du grand novateur. Nous voulons parler de ses relations
avec Saint-Simon. Auguste Comte avait vingt ans quand
il fut mis en rapport, je ne sais comment, avec ce personnage. « Il suivait, dit M. le docteur Robinet dans sa Notice,
le mouvement libéral depuis 1814 seulement et faisait
alors de la politique constitutionnelle. Mais il mettait dans
ses écrits un faux air de xviii° siècle, qui lui procurait une
originalité relative, et c'est cette apparence qui trompa le
jeune Comte. Il crut reconnaître un rejeton du grand
siècle et se rallia avec enthousiasme : l'habileté de Saint-
Simon fit le reste. Voilà comment le fondateur du Positivisme devint le secrétaire d'abord, puis le collaborateur,
et enfin l'élève du fondateur de l'Industrialisme, pour
demeurer finalement sa dupe ; car celui-ci, loin de rien
céder, intellectuellement ou matériellement, à son prétendu
disciple, ne cessa de l'exploiter, sous ce double rapport, en
s'appropriant ses premiers travaux. »

Mais laissons parler Auguste Comte lui-même : « Quand
j'étais parvenu à sentir à la fois la portée et l'insuffisance

de la tentative de Condorcet, mon évolution spontanée fut profondément troublée pendant quelques années, sans cependant être jamais déviée, ni suspendue, par une liaison funeste avec un écrivain fort ingénieux mais très superficiel, dont la nature propre, beaucoup plus active que spéculative, était assurément peu philosophique et ne comportait réellement d'autre mérite essentiel qu'une immense ambition personnelle (le célèbre M. de Saint-Simon). Il avait déjà de son côté senti, à sa manière, le besoin d'une réorganisation sociale fondée sur une rénovation mentale, quelque vague et incohérente notion qu'il se formât d'ailleurs de l'une et de l'autre, d'après la profonde irrationnalité de son éducation générale. Cette coïncidence devint pour lui, à mon égard, la base d'une désastreuse influence, qui détourna longtemps une notable partie de mon activité philosophique vers de vaines tentatives d'action politique directe ; quoique, du reste, il en soit résulté chez moi, outre une plus vive excitation à une publicité immédiate et peut-être même prématurée, une attention plus décisive à l'efficacité sociale du développement industriel, sur laquelle toutefois j'avais été auparavant éveillé par les doctrines économiques, premier fondement réel de la direction qui caractérisait surtout M. de Saint-Simon. Une telle conformité apparente, quoique très incomplète, en effet, constitua aussi, après notre rupture, le motif ou le prétexte des envieuses insinuations dirigées contre l'originalité de mes premiers travaux en philosophie politique, en accordant une importance factice à une vicieuse qualification que m'avait inspirée, en 1825, une générosité trop mal entendue, aussi étrangement récompensée, et que ne comportait point deux ans auparavant la première édition de l'écrit correspondant. L'ensemble de mon essor ultérieur a depuis longtemps écarté ces vaines récriminations contre un philosophe qui a souvent, j'ose le dire, accordé à chacun de ses divers prédécesseurs, fort au delà de ce qu'il en avait véritablement tiré, d'après la double tendance qui m'entraine. soit à éviter les détails indifférents au public, en rapportant la valeur totale de chaque conception à celui qui en a manifesté le premier germe distinct, lors même que la saine appréciation et la réalisation principale m'en sont essentiellement dues, soit à montrer autant que possible les racines antérieures qui peuvent donner plus de force à mes propres pensées. » (*Politique positive*, tome IV, préface).

C'est donc sans raison que les Saint-Simoniens ont voulu faire du Positivisme une émanation du Saint-Simonisme. Une belle lettre de M. Comte à M. Michel Chevalier, trop longue pour être reproduite ici, mais qu'on lira dans la Notice de M. le docteur Robinet, témoigne qu'il ne figura jamais parmi les membres de l'école saint-simonienne. et indique nettement la nature des relations qu'il eut avec elle (Docteur Robinet, *Notice sur l'Œuvre et la Vie d'Auguste Comte*, page 155).

Malgré tous les griefs que pouvait avoir le jeune penseur contre son prétendu maître, il crut cependant de son devoir de le défendre de toute participation à l'œuvre saint-simonienne. Voici ce qu'il écrit encore à ce propos : « Quoique ce célèbre personnage ait, à mon égard, indignement abusé du facile ascendant individuel que devait lui procurer mon extrême jeunesse. sur une nature profondément disposée à l'enthousiasme politique et philosophique, je dois cependant profiter d'une telle occasion pour venger ici sa mémoire des graves imputations que doivent inspirer à tous les hommes sensés et à toutes les âmes pures les honteuses aberrations éphémères qu'on a osé introduire sous son nom après sa mort. S'il eut vécu quelques années de plus, son absence totale de vraies convictions et son entraînement presque irrésistible vers les bruyants succès immédiats eussent peut-être égaré sa vieillesse fort au delà des bornes qu'il avait toujours spéculativement respectées. Mais quoiqu'il en soit d'une telle conjecture, je puis directement assurer que, pendant six années environ d'une intime liaison, je ne lui ai jamais entendu proclamer une seule fois aucune des maximes profondément subversives de toute sociabilité élémentaire, qui lui furent ensuite impudemment attribuées par des jongleurs qu'il n'avait jamais connus. J'ai pu seulement observer bien après l'affaiblissement d'une fatale impression physique, cette tendance banale vers une vague religiosité, qui dérive aujourd'hui si fréquemment du sentiment secret de l'impuissance philosophique, chez ceux qui entreprennent la réorganisation sociale sans y être convenablement préparé par leur propre rénovation mentale (Aug. Comte. *Philosophie positive*, préface .

Les opuscules qui fixèrent la mission du jeune novateur ne passèrent pas inaperçus, comme on l'a vu. Ils méritèrent l'attention de M. l'abbé de Lamennais, qui leur consacra, en 1826, divers articles dans le *Mémorial catholique*. Ils excitèrent la colère de M. Benjamin Constant, l'apôtre du faux libéralisme du temps. Un grand industriel, M. Ternaux, affecta à leur impression une somme exclusivement destinée à cet effet. C'est en reconnaissance des services qu'il reçut de lui et de son noble patronage qu'il devait lui dédier le dernier volume de sa synthèse positive, sous le titre de : l'*Action de l'homme sur sa planète*.

Au printemps de 1826, au milieu du cours qu'il avait ouvert chez lui, Auguste Comte est frappé, avons nous dit. d'aliénation. C'est au concours de grandes peines morales et de violents excès de travail qu'il attribue ce qu'il qualifie justement de sa crise cérébrale.

Le 29 février 1825, Auguste Comte se mariait. Il avait alors vingt-sept ans. Ce mariage, qui faillit compromettre sa vie publique et même privée, s'accomplit malgré l'opposition de sa famille. Quelle était la femme qu'il associait ainsi à sa vie? Dans une note, qui n'était pas destinée à la publicité, il nous dit où il trouva celle qu'il élevait jusqu'à lui et dans quelles conditions il l'épousa. « Ce fut, dit-il, l'unique faute de ma vie; » mais elle empoisonna les plus belles années de son existence. Celle qu'on appela Mme Comte était une parisienne d'une extraction qu'on n'avoue pas: fort jolie, très spirituelle, très intelligente, sans cœur, ayant tout ce qu'il fallait pour séduire un tout jeune homme, enthousiaste, avide d'affection. Visant à se faire épouser, malgré ses tristes antécédents, elle s'instruisit au contact de son amant, au point d'arriver à faire les devoirs de mathématique qu'il donnait à ses élèves. On était alors au temps où l'on se faisait honneur d'avoir secoué le joug des préjugés, où le sentimentalisme d'alors prêchait la réhabilitation des belles natures déchues, de la femme tombée. Une grande âme pouvait se laisser prendre aux sophismes du temps. Après le mariage, l'intérieur du jeune philosophe devint un enfer. La gêne devint plus grande, il fallut recourir à des emprunts faits à de vieux amis. Une fugue de sa femme, survenant dans le cours d'un excès de travail, rompit définitivement l'unité d'un cerveau surmené. C'est au milieu d'une exposition, qui avait réuni autour de lui l'élite du monde savant, que le jeune philosophe, avons nous dit, fut frappé d'aliénation.

Un peu plus d'un an après la terrible crise, grâce aux soins d'une mère accourue de Montpellier et d'une vigoureuse constitution, le calme était rétabli, au point que le jeune penseur pouvait utiliser les observations recueillies sur lui-même pendant sa maladie pour apprécier le récent ouvrage de Broussais sur l'*Irritation et la Folie*. C'est à la suite de ce mémorable travail que le grand praticien commença son fameux cours de phrénologie, réhabilitant à sa manière l'œuvre de Gall, dont il avait méconnu jusqu'alors la haute valeur et toute la portée philosophique.

La malveillance a voulu plus tard exploiter contre Auguste Comte son retour auprès de sa femme, avec laquelle il vécut jusqu'à ce que de guerre las, il fut obligé de s'en séparer définitivement, après, dit-il, dix-sept ans, d'intimes souffrances. Jusqu'aux derniers jours de sa vie, il crut devoir lui payer une dette de reconnaissance, en la gardant auprès de lui. Par son énergie, lui avait-elle fait croire, elle l'avait préservé des suites d'un complot qu'auraient ourdi M. de Lamennais et l'abbé Gerbet, depuis évêque de Perpignan, d'accord en cela avec sa famille. Ce complot aurait consisté à l'envoyer, pour débarrasser l'Église d'un rude adversaire, en Normandie, dans une des maisons religieuses de Saint-Jean-de-Dieu, d'où il ne serait jamais sorti. Mlle Comte, à Montpellier, lorsque je lui parlai de ce prétendu complot, après la mort de son frère, du vivant encore de son père, a repoussé avec indignation une telle insinuation, en regrettant que son frère ne lui eût point fourni l'occasion de s'expliquer là-dessus.

« Quoiqu'il en soit, dit M. Robinet dans sa remarquable Notice, dès la fin de 1828, Auguste Comte reprenait publiquement, à l'Athénée de Paris, l'exposition précédemment interrompue, et cette fois il pouvait l'achever complètement, en suivant le programme qu'il s'était tracé en 1826, et qui avait alors circulé à l'état de manuscrit parmi ses

auditeurs. » Il faut ajouter que le nouveau cours eut les
mêmes auditeurs que celui de 1826.

Nous donnons ici le programme qui circula alors :

Cours de Philosophie Positive

Du 1er Avril 1826 au 1er Avril 1827

Préliminaires généraux, 2 séanc. — Exposition du but de ce cours. Exposition du plan.

Mathématiques, 16 séances. — Calcul, 7 leçons. Géométrie, 5 leçons. Mécanique, 4 leçons.

Sciences des corps bruts — Astronomie, 10 séances — Géométrique, 5 leçons. Mécanique, 5 leçons. Physique, 10 séances. Chimie, 10 séances.

Sciences des corps organisés — Physiologie, 10 séances. Physique sociale, 10 séances.

III

Le cours de l'Athénée de Paris s'ouvrit devant un auditoire d'élite dont avaient bien voulu faire partie, dit Auguste Comte, M. Fourier, secrétaire perpétuel de l'Académie des sciences; MM. de Blainville, Poinsot, Navier, membres de la même Académie; MM. les professeurs Broussais, Esquirol, Benêt, etc. M. Arago avait promis de le suivre; mais il se fit excuser. C'est de cette exposition que sortit la *Philosophie Positive*, qui fut dédiée à d'illustres amis, MM. Fourier et de Blainville, deux de ses auditeurs les plus assidus.

L'idée dominante déjà, chez Auguste Comte, ainsi qu'on a pu s'en convaincre, était de constituer au plus tôt un nouveau pouvoir spirituel se substituant à l'ancien. C'est aux savants qu'il s'adresse, eux seuls sont pourvus de l'instruction que réclame une telle mission, eux seuls sont suffisamment dégagés des vicieuses habitudes ontologiques qui règnent dans toutes les autres corporations. Que de déceptions, disons-le, il se préparait! A tout pouvoir spirituel, il faut une consécration qui ne peut émaner que d'une doctrine dirigeante. L'opinion publique flotte entre deux doctrines également épuisées, la théologie et la métaphysique, au fond aussi radicalement insuffisantes l'une que l'autre. L'esprit humain est assez émancipé désormais pour qu'il n'accepte que ce qui résulte de l'observation des faits.

La grande loi des trois états, qui fixe et précise la marche de l'entendement, va permettre de construire de toutes pièces une nouvelle philosophie. Préparée par Bacon et par Descartes, elle deviendra en quelque sorte le dogme de l'avenir. Jusqu'à présent, nourrie de conceptions provisoires, la philosophie prendra désormais un caractère de précision qu'elle n'eut jamais. « J'emploie le mot de philosophie, dit le jeune novateur, dans l'acception que lui donnaient les anciens et particulièrement Aristote, comme désignant le système général des conceptions humaines; et, en ajoutant le mot *positive*, j'annonce que je considère cette nature spéciale de philosophie qui consiste à envisager les théories, dans quelque ordre d'idées que ce soit, comme ayant pour objet la coordination des faits observés, ce qui constitue le troisième et dernier état de la philosophie générale, primitivement théologique et ensuite métaphysique. »

Notre manière de concevoir le monde réel devant toujours préparer et diriger nos actes, c'est donc sur une doctrine essentiellement scientifique, c'est-à-dire positive, que doit naturellement s'élever toute nouvelle direction spirituelle. Le mouvement scientifique des cinq siècles, qui nous séparent du Moyen-Âge, a sans doute poussé assez loin l'exploration du monde et de la vie; mais les lois qui régissent les phénomènes sociaux sont encore à trouver, quoique l'on soit communément disposé à les croire soustraits, comme tous les phénomènes naturels, physiques ou biologiques, à toute intervention surnaturelle ou aux caprices du hasard. L'institution de la physique sociale, qui sera désignée plus tard sous la qualification de sociologie, clot la série scientifique et nous autorise désormais à proclamer que tout dans l'ordre physique ou social obéit à d'immuables lois.

Uniquement préoccupée de la recherche des lois, la nouvelle philosophie écarte naturellement toute question d'origine, comme pouvant toujours en soulever une de même nature. Aspirant à la direction des hommes et des choses, le *comment* seul peut l'intéresser ; le *pourquoi* lui paraîtra aussi oiseux qu'inutile. Elle laisse aux théologiens et aux métaphysiciens les questions de *causes premières* et *finales*. Sans rien préjuger de la solution de questions qui lui paraissent insolubles, elle maintient entre les diverses catégories de phénomènes des distinctions qui ne sauraient en rien compromettre leur étude. Entre le monde inorganique et le monde organique, elle ne saurait voir encore aucune fusion possible, tout en reconnaissant la dépendance de celui-ci envers celui-là. Si elle consacre dans l'exploration de l'un la nécessité de s'élever des parties aux touts, dans celle de l'autre elle fait ressortir l'obligation de subordonner l'étude des parties à celle des touts. Le plus souvent, dans le premier cas, les parties restent seules accessibles à nos moyens d'investigation, tandis que, sans le second, les touts sont seuls utiles à connaître.

Telle est, autant sous le rapport de la méthode que sous celui de la doctrine, la distinction que la nouvelle philosophie établit entre les procédés d'exploration propres aux deux domaines inorganiques et organiques.

Sous le rapport logique, elle se distingue encore de toutes les doctrines antérieures. Renonçant à constituer la logique en un corps de doctrine spécial, elle proclame qu'on n'apprend à raisonner qu'en raisonnant. C'est, en effet, de l'étude des diverses catégories de phénomènes que peuvent se dégager les divers procédés de raisonnement. L'exploration de la série scientifique devient de la sorte un véritable apprentissage logique. Nous avons vu, en effet, la loi des trois états, qui fixe la marche de l'esprit humain, se dégager de la contemplation même de la succession des phénomènes sociaux, en d'autres termes du grand spectacle que nous présente l'Histoire.

Bien qu'elle ait renoncé à chercher et à trouver un principe assez général pour en faire découler tous les autres, la nouvelle philosophie n'aspire pas moins à l'unité. Malgré leur indépendance intrinsèque, l'étude des diverses catégories de phénomènes naturels concourt à préparer celle des phénomènes sociaux qui en dépendent sans toutefois en provenir.

L'institution d'une science sociale permet d'établir désormais une véritable hiérarchie des connaissances humaines. Si le spectacle de notre évolution révèle la marche de l'entendement, dans l'institution de ses conceptions quelconques, c'est encore de lui que sortira la loi du classement, suivant l'ordre de la généralité décroissante et de la complication croissante. Ainsi, les divers degrés de la hiérarchie scientifique se succèdent dans l'ordre suivant : mathématique, astronomique, physique, chimique, biologique et sociologique. La loi de classement ne marque pas cependant l'ordre de l'exploration historique de chacun des six degrés de la hiérarchie abstraite, ils ont pu être, en effet, simultanément abordés, conformément aux exigences de nos besoins, mais elle marque leur constitution finale.

Le cours de *Philosophie positive* comprend six volumes. Les trois premiers sont consacrés aux cinq premiers degrés de l'échelle encyclopédique. Les trois derniers, en raison même de leur importance et de la nouveauté du sujet, traitent de la physique sociale, plus tard qualifiée, avons-nous dit, de sociologie. Ce prodigieux travail, commencé en 1830, est achevé douze ans après, en 1842. C'est au milieu de toutes sortes de complications intérieures ou

extérieures, qui auraient suffi pour paralyser le plus énergique caractère, qu'il fut écrit. Il ne faut pas y voir une
succession de traités spéciaux sur chacune des matières
étudiées. Leur enchaînement constitue un tout dont le
caractère social et la destination sont toujours très nettement apparents. De leur étude ressortent tous les grands
procédés logiques qu'emploie l'esprit humain dans ses
conceptions quelconques. Si le degré mathématique institue
la logique déductive, les suivants montrent les divers modes
de la logique inductive : en astronomie l'observation, en
physique l'expérimentation, en chimie la nomenclature, en
biologie la méthode comparative, en sociologie la filiation.

Malgré la conspiration du silence (le mot est d'Auguste
Comte lui-même) qu'organisèrent toutes les coteries scientifiques ou littéraires, dont les vieux errements et la constitution étaient menacés par la nouvelle philosophie, elle ne
compta pas moins, soit en France, soit à l'étranger, des
lecteurs sérieux. Si la carrière du grand philosophe s'était
arrêtée là, elle eût suffi pour illustrer son existence et pour
donner au siècle sa véritable caractéristique.

Je ne puis, dans une simple Notice dont j'ai indiqué la
destination, montrer tout le génie de la nouvelle philosophie, mais je ne puis cependant me dispenser de montrer
la succession des événements sociaux, telle qu'elle s'y
présente, ne serait-ce que pour confirmer la grande loi
qui s'en dégage et qui fixe définitivement la marche de
l'esprit humain dans ses conceptions quelconques.

Pas plus qu'aucun autre organisme, l'organisme humain
ne doit être étudié sans avoir apprécié sa constitution
intérieure, indépendamment des temps et des lieux. Nous
devons donc la considérer d'abord sous le rapport de la
structure qui lui est propre, puis de son évolution, c'est-à-
dire à l'état *statique* et à l'état *dynamique*. C'est par une

appréciation de ses divers agents constituant, d'abord de la famille, considérée comme élément primordial de la société, qu'il faut procéder à une pareille étude. La théorie du gouvernement, tant spirituel que temporel, sortira de cette importante étude. On ne saurait méconnaître l'importance de ces différents sujets.

Sous le rapport dynamique, on est ici en présence d'une œuvre sans antécédents. Les grandes lois qui fixent la marche de l'entendement humain dans ses manifestations diverses, vont permettre de montrer dans leur enchaînement la succession des phénomènes sociaux. L'histoire, suivant les pressentiments d'un illustre prédécesseur, est devenue une science.

Sur tous les points de notre planète, au début de toutes les civilisations, c'est le fétichisme que l'on trouve. Sans observation, ne connaissant que lui-même, l'homme conférera à tout ce qui l'entoure ses passions et ses volontés : il animera la nature entière. Une pareille disposition ne peut être que très favorable à l'éveil du sentiment. C'est au fétichisme qu'il faut rattacher la première institution de la famille ; mais il ne saurait se prêter à celle d'une société un peu étendue. Il ne convient guère qu'à la constitution de la peuplade, de la tribu. On ne saurait méconnaître ses avantages logiques. Si ses hypothèses sont exagérées, elles ne sont pas moins toujours vérifiables. C'est ainsi qu'il arrive à distinguer d'abord l'activité de la vie. Dans sa phase ultime, il s'élève à l'astrolatrie, en donnant la prépondérance aux fétiches sidéraux, sous la dépendance desquels il placera la plupart des phénomènes naturels. Un sacerdoce pourra déjà se manifester en ces nouvelles conditions et étendre au loin son action. C'est l'astrolatrie qui va préparer le passage de cet état primitif au polythéisme. Déjà la constance constatée dans la succession de

certains phénomènes naturels a disposé à les placer sous la
dépendance de volontés extérieures. Le philosophe reconnaîtra ici l'éveil de l'esprit métaphysique. C'est, en effet,
par quelque chose émanant de ces nouvelles volontés
qu'elles régiront les départements naturels qui leur seront
confiés. Ainsi surgit le dieu, dont l'action, quoique toujours
puissante, n'est jamais directe, comme l'était celle du pur
fétiche. Il faut reconnaître cependant, comme il est facile
de s'en convaincre, deux origines au polythéisme; l'une
essentiellement astrolatrique, l'autre tout intellectuelle, qui
résulte de l'extension que prend journellement l'observation des êtres et des phénomènes.

Le polythéisme, ainsi que le fait remarquer Auguste
Comte, est la phase principale de l'état théologique. Le
régime des volontés que l'imagination a substituées à la
réalité, encore trop peu connue, présente trois états
successifs : le fétichisme initial, le polythéisme et le
monothéisme. Dans cette dernière phase, la plus décisive
des trois pour la systématisation des forces humaines,
l'esprit théologique est en pleine décadence et l'on pressent
déjà l'état final de la raison humaine.

La phase polythéique, pour être convenablement appréciée, doit être décomposée, en polythéisme, conservateur,
intellectuel et social.

Même quand le polythéisme s'est substitué au fétichisme,
c'est encore la guerre qui reste le principal but de toute
activité. Cependant, en certaines conditions exceptionnelles
de situation, comme la vallée d'un grand fleuve, préservée
par des défenses naturelles de l'invasion des voisins, des
dispositions pacifiques se substituent graduellement aux
entraînements militaires. Tel est le régime théocratique
que nous voyons se développer et fleurir en Égypte, en
Chaldée, dans l'Inde.

Une caste sacerdotale qui s'est déjà constituée à la fin du régime précédent, subalternisera la caste militaire qui s'est également formée. L'action sacerdotale, essentiellement conservatrice, soumettra bientôt les offices quelconques, même les plus infimes, au régime des castes. L'imitation, tenant lieu de tout enseignement technique, favorisera, sous un tel régime, le développement de l'industrie naissante. Ainsi seront conservés, sans craindre de les voir se perdre ou s'altérer, les procédés que suggère l'expérience et la pratique journalière des divers actes.

L'œuvre théocratique qui consiste à faire prévaloir les mœurs et les dispositions pacifiques est évidemment prématurée ; les castes inférieures seront sans doute maintenues dans ces dispositions, mais la caste militaire, jamais complètement inactive, subalternisera tôt ou tard à son tour la caste sacerdotale. C'est le spectacle que nous présente l'histoire de toutes les antiques théocraties.

Le polythéisme conservateur ne pouvait qu'ébaucher en quelque sorte la préparation des forces humaines : un changement d'aïeux devenait nécessaire pour aborder plus directement la culture de nos hautes facultés spéculatives et actives.

En Grèce, comme à Rome, c'est encore la théocratie qu'on trouve au début de toute civilisation. Mais avant qu'elle ait modifié les caractères au point de contenir les instincts militaires dans les masses, les guerriers ont prévalu sur les prêtres ; c'est un sénat issu de la caste militaire, ce sont des rois, dont l'action s'est substituée à celle du sacerdoce, qu'on trouve en puissance. Mais il y a lieu de distinguer l'évolution propre à la Grèce de celle de Rome, quoique l'une et l'autre soient primitivement toute militaire, et qu'elles se proposent l'une et l'autre la conquête.

Une région entrecoupée de golfes profonds, de chaînes de montagnes élevées, entourée d'îles nombreuses, occupées par des peuplades d'une origine commune, ne pourrait guère se prêter à la prépondérance d'aucune d'elles ; elles doivent au contraire se neutraliser mutuellement. Qui ne voit, en effet, dans les Spartiates des Romains avortés. Quoique les dispositions militaires restent partout affaiblies, elles ne s'exerceront pas moins cependant, mais d'une façon en quelque sorte intermittente. Une classe de penseurs, en ces conditions exceptionnelles, a pu se former et s'élever sur les débris d'un antique sacerdoce, depuis longtemps subalternisé. Tous les grands problèmes relatifs au monde et à l'homme pourront être soulevés par elle et recevoir des solutions dont l'esprit métaphysique fera ordinairement les principaux frais. L'art, érigé en un véritable système d'éducation populaire, recevra une culture sans antécédents, souvent protégé par de nobles organes, et s'inspirant des grandes luttes qui fixèrent les destinées humaines.

Le polythéisme social a de tout autre visées. C'est la conquête du monde, que la situation et la constitution nouvelle de Rome semble lui assurer. L'annexion, avec incorporation consécutives, des populations conquises, préparera le vaste territoire sur lequel se développera plus tard l'élite de notre espèce. La guerre, malgré son caractère toujours offensif, a reçu ainsi une noble destination sans antécédents dans l'histoire. Le monde connu est désormais soumis à la puissance de Rome, une autre phase historique va commencer. D'offensive qu'elle avait été jusqu'ici, la guerre deviendra défensive.

Abstraction faite des invasions, le vaste empire qui s'était si glorieusement élevé, était condamné à la désagrégation. Les nécessités de la défense contre des voisins non encore

fixés au sol qu'ils occupaient, devait transporter l'action
à la frontière. Ainsi tout l'Occident fut bientôt constitué en
États distincts. Politiquement trop désunis, ils ne pouvaient
que compromettre la mission que leur assignaient, en
quelque sorte, les destinées humaines, s'ils n'étaient
rapprochés dans une communauté de but, si un lien
nouveau, de nature toute morale, ne les tenait intimement
unis. Le vieux polythéisme gréco-romain était, dans tous
les esprits, radicalement épuisé. La dissolution des mœurs
qui en avait été la conséquence fatale, réclamait une
réaction, qui ne pouvait s'opérer qu'à l'aide d'une nouvelle
doctrine dirigeante. La métaphysique des écoles de la
Grèce, par son action dissolvante, avait préparé l'avènement du monothéisme. Une pareille révolution s'opérait
d'ailleurs pacifiquement dans tous les esprits d'élite, en
concentrant autour d'une volonté prépondérante les
anciennes divinités déchues. Cette concentration devait
s'opérer facilement autour de l'antique *fatum*, devant
lequel pâlissait toujours la puissance de Jupiter lui-même.

Le monothéisme à l'état philosophique ne pouvait,
reconnaissons-le, exercer aucune action sociale. Pour
remplir un semblable office, il réclamait une initiative
individuelle qui ne pouvait être consacrée que par une
révélation spéciale. La petite théocratie avortée de la Judée,
où le monothéisme était cultivé depuis la colonisation
mosaïque, devait fournir le révélateur. Ses contacts avec
l'empire romain, auquel elle avait été annexée, la destinait,
pour ainsi dire, à cet office.

Ce n'est ni le moment ni le lieu d'exposer la conception
de saint Paul, cela nous mènerait trop loin. Disons qu'il
lui fallait un révélateur d'une essence divine et que sa
haute moralité lui interdisait d'accepter ce rôle. Il se
contenta de l'idéaliser dans celui des nombreux prophètes

que l'agitation populaire avait fait surgir. La dictature romaine limitait d'ailleurs son action à une intervention essentiellement spirituelle. L'origine divine accordée par lui au révélateur choisi, en fit le médiateur attendu. Nouvel Adam régénéré par le sacrifice, il devint le chef mystique d'un nouveau clergé. Tels furent les motifs qui préparèrent la séparation des deux pouvoirs, spirituel et temporel, que l'antiquité avait toujours confondus. Une direction nouvelle était ainsi donnée aux divers États qui s'étaient formés lors de la décomposition du monde romain, un sacerdoce parlant au nom des intérêts communs, recevant sa consécration du ciel même, placé par cela au-dessus de toutes les puissances temporelles, pouvait en ces conditions aspirer à faire prévaloir la morale sur la politique. En cela il était heureusement secondé par la constitution féodale que recevait l'Occident tout entier.

La nouvelle hiérarchie sociale consacrait le dévouement des forts aux faibles. Si elle imposait des obligations à ceux-ci, elle leur assurait une protection. Le Catholicisme n'avait qu'à consacrer ces dispositions. Malgré l'insuffisance mentale de son dogme, il n'institua pas moins une culture morale sans antécédents, en étendant jusqu'au moindre fidèle les bienfaits de l'instruction.

Si l'on n'avait pu demander à la Grèce que de préparer l'essor de nos facultés spéculatives et à Rome de donner une noble destination à l'activité humaine, que pouvait-on légitimement demander à la civilisation catholico-féodale, sinon d'assurer la culture de nos hautes facultés affectives? Qui peut désormais douter qu'elle n'ait atteint le but que lui assignait l'ensemble de nos destinées. Exiger davantage d'elle serait se méprendre étrangement sur l'étendue des moyens dont elle pouvait disposer. Deux institutions, la Chevalerie et le culte de la Vierge peuvent servir de

caractéristique et même de résumé à un régime jusqu'ici
mal étudié et où une fausse érudition n'a vu qu'une nuit
obscure. Qu'on n'oublie pas que tous les grands problèmes
moraux y furent posés et que leurs solutions furent souvent
pressenties.

Comme toutes les institutions qui ont atteint le but qui
leur était assigné, le régime catholico-féodal, après trois
derniers siècles d'un admirable épanouissement, va, à son
tour, entrer en décomposition. Il portait en lui des germes
nombreux de dissolution. Dans le passage du polythéisme
au monothéisme, on voit s'affaiblir déjà l'esprit théologique. Ici les lois immuables qui régissent le monde et
l'homme se manifestent partout et ce n'est que par des
compromis, limitant la suprême existence, que la sagesse
sacerdotale peut encore faire accepter sa discipline.
La métaphysique, qui n'a eu jusqu'ici qu'un rôle accessoire,
va se substituer en tout au théologisme. Le dieu spiritualisé aura pour ministre la Nature, dont l'influence prévaut
dans l'explication des phénomènes naturels. Les deux
grandes écoles de Platon et d'Aristote, la philosophie
morale et la philosophie naturelle vont se trouver toujours
en présence, dans toutes les discussions de la vieille
métaphysique. Le triomphe du nominalisme sur le
réalisme marque le pas qui a été fait pour se rapprocher
de la réalité. Un mouvement de décomposition succède
bientôt à ce premier ébranlement. Plus rapide que celui
de composition, qui ne marche pas du même pas, il
laissera la vieille famille occidentale livrée pendant plus de
cinq siècles à la plus complète anarchie, tant spirituelle
que temporelle.

Il faut diviser en trois phases, à peu près de même durée,
la grande période de décomposition qui du xmᵉ siècle s'étend
jusqu'à nous. La première est toute spontanée ; on assiste

dans la seconde à l'explosion protestante ; la troisième est essentiellement déiste.

La lutte des rois contre les papes remplit la première phase ; elle fut bientôt suivie de la séparation des églises nationales de l'autorité romaine. Elle a pour résultat la soumission des clergés occidentaux aux puissances temporelles qui les subalternisent. Le catholicisme a renoncé à son rôle séculaire : la défense du faible contre le fort, à qui il s'est soumis. L'indépendance du pouvoir spirituel à l'égard du pouvoir temporel se trouve à jamais compromise. Le Pape lui-même, après le retour d'Avignon, n'est plus qu'un prince italien qui s'incline devant la volonté des rois.

Cette première phase de décomposition a préparé la suivante. Le protestantisme a beau jeu, avec l'assistance des princes séculiers, pour secouer le joug de Rome. Il ne fait, en quelque sorte, que continuer le mouvement commencé. Le libre examen qu'il proclame a, naturellement, pour première conséquence, le dogme de l'égalité intellectuelle avant d'arriver à l'égalité sociale. Tel est le premier dogme de la doctrine révolutionnaire. Trois noms, Luther, Calvin et Socin marquent les progrès du mouvement protestant. En proclamant la liberté de conscience, le protestantisme ne pouvait-il être autorisé plus tard à lui assigner des bornes ? On ne peut voir en lui qu'une insuffisante solution, qui ne pouvait pas même satisfaire les esprits avancés du temps, et dont un scepticisme déjà ancien devait les en préserver. Qu'on n'oublie pas que l'Église, dès le xviᵉ siècle, fut obligé d'interdire l'étude de la médecine à ses clercs. *Tres medici, quatuor athei*, disait-on couramment alors.

L'émancipation va marcher d'un pas plus rapide dans les pays préservés du protestantisme, et où le catholicisme fut conservé officiellement. Elle s'appuie alors sur le mouvement scientifique, et ne s'arrête qu'au Déisme. Elle a pour propagateurs les magistrats, puis les avocats et les littérateurs. Cette dernière phase s'étend de l'expulsion des calvinistes à la grande crise révolutionnaire du siècle dernier, dont elle prépara l'explosion. Une doctrine négative s'est élevée sur la liberté d'examen et l'égalité ; elle a pour dogme la souveraineté populaire. Incapable de rien construire, elle ne peut que hâter la démolition et laisser tous les cerveaux sans pondération. Vainement Bacon et Descartes, l'un placé au point de vue moral, l'autre au point de vue intellectuel, ont voulu suppléer aux dogmes épuisés par de nouvelles constructions. Ils n'ont pu montrer que l'impuissance et l'insuffisance de toute synthèse objective.

Pendant que toutes les vieilles institutions sont livrées à la décomposition, le mouvement scientifique, qui se développe parallèlement, prépare les éléments d'un ordre nouveau. Le Moyen-Age, par les Arabes, a pris la succession de la Grèce et de l'école d'Alexandrie. Archimède, Hipparque, Apollonius, etc., vont former Copernic, Képler, Galilée. Descartes, en instituant la géométrie générale, invitera Leibnitz à fonder le calcul infinitésimal. De leur impulsion et de la collaboration de Newton, sortira la mécanique rationnelle. Sur le couple physico-chimique s'élèveront les sciences de la vie. En localisant dans le cerveau nos facultés spéculatives et morales, Gall fait pressentir aux théologiens et aux méthaphysiciens, que le dernier domaine qui leur a été laissé leur sera bientôt enlevé. Après cette grande élaboration scientifique, qui s'est élevée des phénomènes les plus simples à ceux de la vie, que manque-t-il pour constituer définitivement la série scientifique et montrer enfin que tout, dans l'ordre réel, obéit à d'immuables lois ? Que les phénomènes sociaux et moraux y soient, eux aussi soumis? La fondation de la sociologie, en nous révélant les lois qui président à l'évolution humaine, vient ainsi compléter la hiérarchie abstraite et clore l'ère des volontés surnaturelles et des entités.

Une ère pacifique et industrielle peut désormais se substituer au théologisme et à la guerre.

Ceux qui ne se sont point attardés en des spéculations économiques liront avec le plus grand intérêt les belles pages où le grand penseur nous montre la marche du mouvement industriel depuis son origine, dans la fondation des communes, jusqu'à nos jours. Le mouvement esthétique y trouve un aliment et des stimulants.

Douze ans d'un infatigable labeur ont été consacrés, comme nous l'avons dit, à la grande œuvre dont nous n'avons pu présenter ici que les grands traits. C'est un monde à régénérer qui se présente à la pensée du jeune novateur au début de sa carrière. C'est une doctrine dirigeante, vu l'épuisement de toutes celles qui ont prévalu jusqu'ici, c'est un pouvoir directeur, une nouvelle autorité spirituelle qu'il faut à cette société en défaillance. Tel est le but que se donne le noble jeune homme en arrivant pour ainsi dire à la vie. La doctrine dirigeante est désormais constituée; le nouveau pouvoir spirituel ne l'est pas. Les savants, auxquels il s'est primitivement adressé à cet effet, n'ont pas répondu à ce qu'il avait osé attendre d'eux. Il fallait les tirer de leurs spécialités, leur donner des vues d'ensemble, leur montrer que tout est solidaire dans le savoir humain, en faire des organes actifs pour la régénération d'un monde aux abois.

Les Humbold, les Fourier, les Blainville, les Broussais, toute cette noble génération de penseurs, qu'animait le grand souffle du xviii° siècle, avaient disparu et n'avait été remplacés que par de froids spécialistes, tous trafiquant de la science. La conspiration du silence fut par eux organisée contre le grand novateur. Il fallait à tout prix l'étouffer. En dehors d'eux, il y avait encore en France et à l'Étranger quelques natures nourries des vieilles traditions qui suivaient avec intérêt les enseignements de l'intrépide penseur. Montrons successivement les diverses phases de la lutte qu'il eut à soutenir contre l'académisme désormais déchaîné contre lui.

Le grand philosophe qui ouvrait la voie aux nouvelles générations pouvait-il ne pas être un grand citoyen? Lorsque Paris était en émoi pouvait-il rester indifférent aux graves complications qui s'y préparaient? Les événements qui suivirent, en décembre 1830, l'avénement de la monarchie de Juillet, ne le trouvèrent pas insensible. Il était alors vice-président de l'Association polytechnique. Plus énergique que la plupart de ses collègues, il fit voter par le Comité de permanence de cette Association une adresse au Roi, adresse qu'il rédigea lui-même. Il y invitait le Roi à dissoudre à la fois la Chambre des Pairs et celle des Députés et à prendre le pouvoir en son nom. « Sire, lui disait-il, il n'y a de dangereux que les coups d'État rétrogrades, les coups d'État progressifs ne sauraient jamais l'être. » Le parlementarisme avait été depuis longtemps jugé par lui comme une importation anglaise, adoptée sur la foi de Montesquieu et opposée à nos antécédents français. Il combattit toute sa vie la funeste institution. Plus tard, nous verrons encore le grand patriote conseiller ses concitoyens.

L'Association polytechnique ayant organisé un enseignement, il se chargea du cours d'astronomie qu'il continua jusqu'en 1843 à la mairie du IIIe arrondissement. Ce cours a été plus tard rédigé et a fait l'objet du volume d'*Astronomie populaire* qui a paru en 1844.

Ce fut en 1832, sous les auspices de Navier, qu'Auguste Comte fut introduit à l'École polytechnique comme répétiteur d'analyse et de mécanique rationnelle. Ses cours privés ou publics, le premier volume de la *Philosophie Positive* qui avait déjà paru, pouvaient donner une juste idée de la valeur. soit théorique, soit didactique, du jeune professeur. Les élèves, toujours bons juges en pareilles matières, ne furent pas longtemps à la reconnaître. En 1835, une chaire d'analyse devint vacante à l'École; il la sollicita avec l'appui de Navier. Elle fut donnée à Liouville. En 1835. les deux volumes mathématiques et astronomiques de la nouvelle philosophie étaient publiés. M. Navier pouvait donc répondre des qualités théoriques de son candidat. La belle lettre qu'il lui écrivit après son échec précise mieux qu'elles n'avaient pu l'être jusqu'alors les conditions du professorat. Ainsi fait-il remarquer que Cauchy fut un professeur détestable. quoique sa valeur théorique ne pouvait être contestée. « Je conçois, dit-il, qu'un ouvrage (sa *Philosophie positive*) où la science et parfois les savants sont jugés d'un point de vue philosophique, ait pu me faire d'ardents ennemis, qui exercent sur le Conseil de l'École polytechnique une puissante influence, quoique les plus redoutables n'en fassent pas partie. » Nous retrouverons un peu plus tard M. Arago, qui n'est ici qu'indirectement désigné.

En 1836, la chaire de Navier devint vacante par sa mort. M. Comte échoua encore dans sa demande et la chaire fut donnée à M. Duhamel, son ancien camarade. Mais il eut une compensation éclatante dans le succès qu'il obtint en cette occasion. Il fut appelé par sa fonction de répétiteur à remplir un *interim*. Le cours qu'il fit pendant deux mois, fut un véritable événement dans les annales de l'École. M. Duhamel ayant voulu entrer en fonction, immédiate-

ment après sa nomination, une députation fut envoyée à
M. Arago, justement considéré comme l'influence prépondérante dans les conseils de l'École, pour lui exprimer le
désir de voir M. Comte continuer le cours. Il n'en fut tenu
compte. M. Dulong, l'éminent physicien, alors directeur
des études, avait suivi attentivement les cours de M. Comte
et n'hésita jamais à lui exprimer sa haute satisfaction.
Son appui lui fut acquis désormais. C'est Dulong qui le fit
nommer peu de temps après examinateur pour l'admission.
Sa carrière, comme examinateur, fut encore un véritable
événement dans l'enseignement. On ne pouvait rien
attendre d'ordinaire d'un tel examinateur. Dans quel état
trouva-t-il l'enseignement mathématique, quand il fut
appelé à ses nouvelles fonctions? Qu'on me permette de
citer, avant de répondre à cette question, une mémorable lettre de Lagrange à d'Alembert. « Il me semble, dit-il,
que la mine est déjà trop profonde et qu'à moins qu'on
ne découvre d'autres filons, il faudra tôt ou tard l'aban-
donner. La physique et la chimie offrent maintenant des
richesses plus brillantes et d'une exploitation plus facile.
Aussi le goût du siècle paraît-il tourné de ce côté là.
Il n'est pas impossible que les places de géométrie, dans
les académies, deviennent un jour ce que sont actuelle-
ment les chaires d'Arabe dans les universités. » C'est
Lagrange, un des plus grands esprits du siècle, qui se prononce ainsi sur le sort qu'il croit réservé dans l'avenir aux
cours de mathématique, et cela quelques années après la
fondation du plus beau monument élevé par le génie
abstrait : la *Mécanique analytique*. En écrivant sa théorie
des fonctions analytiques, Lagrange s'était proposé de
réunir en un seul corps de doctrine la science du nombre,
de l'étendue et du mouvement. Sa tentative fut prématurée, mais elle montre, comme il l'annonce dans sa belle

lettre, qu'il n'y avait plus lieu de se livrer à de nouvelles recherches. Le calcul des variations avait été déjà fondé par lui.

Que va se proposer Auguste Comte dans ses nouvelles fonctions d'examinateur? Travailler à la régénération d'une science dont l'enseignement est livré aux médiocrités de toutes sortes; revenir aux anciennes traditions méconnues ou abandonnées. La pensée mathématique a disparu sous le verbiage algébrique. Le programme du cours qu'il fait au pensionnat Laville et qu'il étend jusqu'au calcul différentiel nous a été conservé dans le volume de *Géométrie analytique*, paru en 1843. C'est le grand siècle mathématique qu'on y sent revivre, c'est le souffle des grands géomètres des xviiᵉ et xviiiᵉ siècles qu'on y respire. Parmi nos contemporains, bien peu ont saisi toute la portée de la grande institution cartésienne. Pour beaucoup encore, la géométrie analytique n'est que l'application de l'algèbre à la géométrie. Jusqu'à Descartes, la géométrie fut en quelque sorte préliminaire. Quoiqu'elle se soit toujours donnée pour but la mesure de l'étendue, ses procédés restent toujours limités à ce qu'exige l'étude de certains types, sans pouvoir s'étendre au-delà.

A-t-on jamais compris, même aujourd'hui, que c'est une théorie générale qu'institue le grand philosophe du xviiᵉ siècle? Par lui, le phénomène géométrique est désormais étudié dans tous les types où il se manifeste, l'équation, qui en est la manifestation, s'étend à tous les cas semblables. Le signe s'associe ainsi à l'image qui se dégage de l'équation. L'institution cartésienne prépare et réclame la fondation infinitésimale : Leibnitz succède à Descartes. Nos modernes algébristes ont-ils vu tout cela? Auguste Comte se charge de leur montrer la filiation des deux grandes fondations, dont l'esprit leur a échappé. L'insti-

tution d'une géométrie générale était cependant assez
capitale pour frapper les esprits vraiment mathématiques.
La fondation de la mécanique rationnelle qui la suivit
et devait la suivre de très près, pendant tout un siècle,
absorba les meilleures intelligences; elle ne les laissa
pas assez disponibles pour en saisir toute la portée.
Telle est l'explication que donne le grand novateur
d'un événement sans antécédents dans les annales de la
science.

Les qualités exigées du penseur, du professeur, de l'examinateur ne sont certes pas les mêmes. Elles se trouvent
toutes réunies ici. Qui n'a conservé le souvenir de la manière si neuve d'interroger du nouvel examinateur? Il se
proposait deux choses, comme il nous l'a dit plus tard,
s'assurer d'abord de l'instruction de l'élève; ensuite se
rendre compte de son degré d'intelligence. Diverses questions du cours, suivies de quelques problèmes, toujours
d'une remarquable originalité, lui permettait d'atteindre
ce double résultat. On a retrouvé dans ses papiers toutes
ses notes sur les candidats examinés par lui. Plusieurs sont
accompagnées de remarques fort intéressantes sur le caractère, la moralité présumés de plusieurs d'entre eux. A
l'École polytechnique, il n'avait qu'à s'assurer de l'instruction de ceux qui lui étaient envoyés, aussi sa manière
d'interroger était-elle toute différente. Sous son air
froid, il avait toujours un haut sentiment de justice et une
rare bienveillance. De cette bienveillance, on trouvera la
preuve dans une lettre qu'il écrivait après une journée
d'examen : « Je ne sais, si même à vous, je peux me ha-
sarder à confier le doux attendrissement que me fait
éprouver un jeune homme dont l'examen est pleinement
satisfaisant, et, en général, la satisfaction de contribuer
personnellement à rendre une justice contestée. Mais, dus-

siez-vous en sourire, ces émotions iraient aisément jusqu'aux larmes, si je ne me contenais soigneusement. »

Une nouvelle vacance de la chaire d'analyse et de mécanique se produisit encore en 1840, M. Comte maintient
sa candidature. A l'invitation de son ami, M. de Blainville,
il écrivit une lettre au président de l'Académie des sciences,
la nomination à la chaire vacante dépendant en partie de
l'Académie. Quoique présentée par un membre de l'Académie qui en garantissait la convenance, après la lecture
des deux premiers alinéas, M. Thénard, un chimiste,
demanda que cette lecture ne fut pas continuée, ce qui fut
fait malgré l'énergique protestation de M. de Blainville.
Dans sa lettre, M. Comte faisait valoir ses titres, ses droits
à la nouvelle chaire : « D'éclatants exemples qu'il serait
superflu de citer, dit-il, ont nettement prouvé, de nos jours,
surtout dans l'histoire de l'École polytechnique, qu'une
éminente aptitude au perfectionnement isolé de divers
sujets scientifiques était pleinement conciliable avec une
radicale inaptitude à tout enseignement rationnel, non
seulement oral, mais encore écrit. » M. Sturm fut nommé
à la chaire vacante. On a pu juger des capacités didactiques de l'éminent algébriste. L'Académie repoussait donc
finalement Auguste Comte. Une protestation des élèves de
l'école polytechnique avait précédé le vote du conseil de
l'École. Voici ce qu'écrivait à ce sujet M. Barral, un chimiste distingué, qui appartenait alors à la promotion dont
M. Comte était le répétiteur. « Nous résolûmes de désigner quelques uns d'entre nous pour aller en notre nom
et deux par deux, chez les principaux membres du conseil.
Les démarches eurent lieu le dimanche suivant. Tout cela
a été spontané de notre part. Les réponses recueillies par
nos camarades furent loin d'être satisfaisantes; généralement elles furent évasives; quelques-uns répondirent qu'ils

tiendraient compte du vœu des élèves; *d'autres, qu'il ne suffisait pas pour être professeur à l'École, de faire un enseignement remarquable, qu'il fallait être surtout en communion d'idées avec les autres géomètres.* M. Comte ne fut pas nommé et alors nous avons élu une nouvelle députation pour aller lui témoigner nos profonds regrets et notre admiration. »

Qu'on me permette à ce propos de citer un fait qui témoigne plus que tout ce qu'on vient de lire de l'animosité qui régnait dans le monde savant contre le philosophe. M. de Blainville, avant le vote, crut devoir visiter quelques-uns de ses confrères et de leur montrer la position de M. Comte, qui, indépendamment de ses droits acquis, se recommandait par une absence complète de fortune. *L'Académie n'est pas un bureau de bienfaisance,* lui fut-il répondu par l'un d'eux. Le célèbre académicien avait sans doute oublié, qu'entré sans fortune à l'École polytechnique, ses camarades, suivant l'usage, avaient payé sa pension. Nous tairons le nom de l'académicien.

La lutte ne s'arrête pas là. Si la *Philosophie positive* n'a point d'écho parmi les savants, elle a déjà de nombreux lecteurs dans le public. Des adhésions, des appréciations flatteuses viennent du dehors au jeune philosophe. Nous citerons parmi les plus remarquables, celle de M. Stuart Mill, publiciste anglais, qui fut pendant longtemps en relations épistolaires avec M. Comte. Le régime des spécialités dispersives, en d'autres termes, le régime académique, peut se croire menacé et il l'est, en effet, par les progrès de la nouvelle philosophie.

Auguste Comte est encore examinateur pour l'admission dans notre principale école; il y est aussi répétiteur, sa haute valeur est partout reconnue. C'est assez pour exaspérer les haines académiques. Avait-il tort de se croire menacé dans ses deux positions polytechniques, les seuls moyens d'existence qu'il a conservés. Sa place d'examinateur est temporaire ; elle est annuellement soumise à l'élection dans un conseil où il compte de nombreux ennemis. Plein de l'importance de la haute mission qu'il s'est donnée, pénétré de sa valeur, que personne d'ailleurs ne conteste, réduit à combattre, en quelque sorte, pour la vie, dans la préface du dernier volume qu'il livre à l'impression, il fait appel au peuple occidental, et lui expose sa position, les menées de ceux que, dans sa pensée, et non sans raison, il peut considérer comme les ennemis de la chose publique.

Avait-il tort de procéder ainsi ? La grandeur de son œuvre, aujourd'hui complète, la haute situation qu'il s'est faite par l'immensité de son génie ne nous autorisent-elles pas à dire qu'il défendait, en sa personne, l'héritage des siècles écoulés ; qu'il pouvait, avec raison, se croire l'élu de l'Humanité ? Qui pourrait n'être pas touché en lisant la noble préface où, avec tant de simplicité, il expose l'ensemble d'une existence déjà bien tourmentée, dont tous les instants ont été consacrés à l'accomplissement d'une grande mission ? Sa parole prophétique montre tous les obstacles que va rencontrer la nouvelle philosophie, en opposition si radicale avec les passions qui règnent dans les coteries, dont il dépeint si bien l'esprit dominant. Menacés dans leurs sièges, à quelles compromissions, à l'égard de toutes les influences rétrogrades ou autres, les géomètres vont être réduits pour conserver la présidence scientifique qui menace de leur échapper ? A-t-il tort, le malheureux penseur, de signaler la désastreuse influence que M. Arago exerce sur la classe qu'il domine, dit-il, si déplorablement et qui est devenue, sous sa main, l'organe des passions et des aberrations qui lui sont propres ? Cette influence est telle, qu'elle semble l'autoriser à imposer à l'éditeur de la *Philosophie*

Postface une note blessante que l'auteur est tout surpris de lire en recevant le volume qui lui est envoyé.

M. Arago attribue aux effets d'une basse jalousie, envers un concurrent préféré, une légitime défense qu'il a lui-même provoquée. « Je ne connais, a-t-il dit, à M. Comte aucun titre mathématique, ni grand ni petit. » Telle n'était pas l'opinion de son prédécesseur à la présidence de l'Académie des sciences, du malheureux Fourier, qui ne dédaignait pas d'accepter la dédicace d'une œuvre qui, à elle seule, eut suffi pour illustrer toute une époque.

Le tribunal de commerce de Paris condamna l'éditeur, M. Bachelier, à une juste réparation envers l'auteur diffamé. Faut-il rappeler toutes les démarches que fit M. Arago, chef de l'opposition libérale, défenseur des libertés publiques, pour que son nom ne fut pas prononcé aux débats?

Nous avons dit que la place d'examinateur à l'admission était soumise, chaque année, à la réélection. La fameuse préface eut immédiatement son effet. Ce fut après une lutte obstinée, où les partis se comptèrent, que M. Comte fut maintenu dans son emploi. L'intervention de deux puissants amis ne fit que reculer d'une année l'exécution projetée. Voici ce que nous lisons, à cet effet, dans une lettre de M. Comte à M. Stuart Mill : « Je ne parle pas seulement de M. de Blainville, dont le rôle actif, quoique assurément au-dessus de tout éloge en cette occasion, ne doit étonner personne, soit à cause de son caractère bien connu, soit en vertu de son amitié déclarée. Mais il est déjà de mon devoir de vous signaler spécialement l'admirable conduite, aussi honorable pour lui que pour moi, qu'a ici tenue l'admirable géomètre, dont j'ai eu précédemment à me plaindre gravement, et envers lequel je n'ai pas craint, en effet, de formuler, l'an dernier, un blâme public dans la longue note de la page 169. Dès la première manifestation du danger que je courais, aussitôt après mon procès, M. Poinsot avait déjà fait spontanément, au début de cette année, une démarche décisive, dont j'ai été informé longtemps après, pour témoigner aux chefs de l'École polytechnique sa haute improbation d'une telle iniquité. Cette noble initiative ne s'est pas démentie ensuite durant tout le cours de la crise, à l'heureuse issue de laquelle cet éminent témoignage a beaucoup contribué. »

La fausse sécurité dans laquelle M. Comte aimait à rester fut de courte durée. Dans la même correspondance, nous lisons : « Vous ne serez pas étonné, maintenant, d'apprendre que le 27 mai, lors de la réélection, mes ennemis ont obtenu contre moi une majorité de neuf voix contre cinq, malgré le zèle énergique si soutenu que les trois véritables chefs de notre École (le général commandant en chef, le colonel commandant en second et le directeur des études) ont unanimement développé pour moi. Toutes les passions que ma préface a caractérisées ont concouru à la consommation de cette iniquité. Mais, les haines dominantes étaient certainement, abstraction faite des inimitiés personnelles, celles des géomètres, dont la philosophie nouvelle menace dangereusement l'irrationnelle suprématie scientifique. »

C'est au maréchal Soult, alors ministre de la guerre, et de qui émanait en dernier ressort la nomination aux diverses fonctions polytechniques, sur la présentation d'une liste de candidats présentés par le Conseil, que M. Comte fit appel de la décision qui le spoliait. Dans trois lettres fort remarquables, en dates du 30 janvier, du 1er juin et du 19 décembre 1844, M. Comte expose sa position au Ministre de la Guerre, lui fait connaître les faits qui ont motivé sa non-réélection et les vices du règlement qui laisse au Conseil de l'École une part si prépondérante dans la nomination des divers fonctionnaires de cette École. Il s'engage à prouver que sa non-réélection n'a fait que réaliser, sous l'impulsion de Liouville, les coupables menaces de M. Arago à son égard, mentionnées déjà dans la lettre du 30 janvier. Le Maréchal lui accorde le 1er juin l'audience qu'il lui a demandée. Il est touché de l'accueil du Maréchal, qui lui promet de le couvrir autant que le permettra la règle existante. Ne pouvant l'empêcher de perdre son traitement cette année, il se refuse à nommer à sa place et désigne pour le remplacer l'un des deux suppléants. En annonçant sa décision pour l'année courante, il blâma avec énergie la conduite du Conseil et écrit au général commandant de l'École une lettre qui fut communiquée à M. Comte. Cette lettre est pleine d'éloges pour sa conduite comme fonctionnaire. Le Ministre y déclare formellement qu'*il s'est assuré que M. Comte mérite toute la confiance du Gouvernement*. La conduite du Conseil de l'École y est qualifiée de *déni de justice auquel le Ministre ne doit pas s'associer*. L'exclusion dont il a été l'objet, y est présentée *comme inconciliable avec le zèle et la loyauté que M. Comte a montrés pendant sept ans de l'exercice de ses fonctions*. Il la signale *comme contradictoire avec propres éloges du Conseil lui-même à ce sujet*. Le Conseil, fut dans l'intervalle, renouvelé par le Maréchal, qui le composa de vingt-huit membres, moitié savants proprement dits, moitié fonctionnaires supérieurs des divers services publics alimentés par l'École polytechnique. Cette mesure n'eut pas le résultat qu'attendait le Maréchal, car le nouveau Conseil, à la majorité de dix voix contre neuf, maintint l'exclusion prononcée par l'ancien. Le Ministre, fatigué par toutes ces luttes, renonça à protéger l'homme dont il a reconnu lui-même le mérite et la haute moralité. On assure que, pour paralyser son bon vouloir, on ne craignit pas

de recourir en cette occasion à une *auguste influence*
féminine, naturellement rétrograde, celle de la Reine
elle-même.

M. Comte avait-il tort en ne voulant pas voir dans la
lutte où il succomba une affaire personnelle? Il n'y avait
point de griefs articulés contre lui, le Ministre fait son
éloge, le Conseil n'a rien à répondre. Qu'a combattu
jusqu'ici Auguste Comte? Des personnalités? Non, mais le
régime des spécialités dissolvantes. Il a déclaré que les
géomètres ne sauraient conserver plus longtemps la présidence scientifique. Les géomètres se sont ligués contre lui
et l'ont sacrifié.

La perte de la place d'examinateur dût bientôt lui faire
perdre celle qu'il occupait au pensionnat Laville. Il ne lui
resta plus que son modique emploi de répétiteur à l'École,
qui lui sera enlevé plus tard. A l'âge de quarante-cinq ans,
après une vie de labeur, le voilà réduit à demander son
pain, comme en son jeune âge, à l'enseignement libre, que
l'hostilité académique devait aussi lui fermer. On avait eu
soin d'ameuter contre lui tous les préparateurs à nos
diverses écoles gouvernementales, trop heureux de rester
dans la routine. Régénérer l'enseignement par l'enseignement, n'était-ce pas une illusion dont le grand philosophe
devait bientôt revenir. La lutte que nous venons d'exposer
continue encore quelques années; elle se termine par une
perfidie académique à laquelle M. Duhamel ne resta pas
étranger et qu'il serait trop long de rappeler.

Les haines métaphysiques ne furent pas moins vives que
les haines scientifiques. En 1833, une note fort détaillée
fut remise par M. Comte à M. Guizot, alors ministre de
l'Instruction publique, pour la création d'une chaire d'Histoire générale des Sciences physiques et mathématiques
au Collège de France. La remise de cette note fut suivie

d'une lettre d'Auguste Comte à M. Guizot. Voici ce qu'on y lit : « ....d'après ce que vous avez bien voulu m'annoncer dans notre dernière entrevue, c'était vers le commencement de mars que devait être examiné définitivement la proposition que j'ai eu l'honneur de vous soumettre, le 29 octobre dernier, sur la création d'une chaire d'Histoire générale des Sciences physiques et mathématiques au Collège de France; je craindrais, en gardant plus longtemps le silence à cet égard, de donner lieu de croire que j'aurais renoncé à ce projet. » Plus loin : « Je n'ai pas oublié, Monsieur, que dans les conversations philosophiques trop rares et si profondément intéressantes que j'ai eu l'honneur d'avoir avec vous autrefois, vous avez bien voulu m'exprimer souvent combien vous me jugeriez propre à contribuer à la régénération de l'Instruction publique si les circonstances vous en conféraient jamais la direction. Je ne crains pas, Monsieur, de vous rappeler cette disposition bienveillante et d'en réclamer les effets lorsqu'il s'agit d'une création qui, abstraction faite de mon avantage personnel, présente en elle-même une utilité scientifique incontestable et du premier ordre. » Tout cela n'indique-t-il pas qu'Auguste Comte était en relations depuis longtemps avec M. Guizot. Une courte lettre de M. Guizot à M. Comte, que j'ai eue en mains, montre d'ailleurs que ces relations avaient pris un caractère d'intimité, puisque c'était une invitation à venir le voir plus souvent et qu'on serait heureux de le présenter à Mme Guizot. Cette dernière lettre était antérieure à la Révolution de Juillet. M. Guizot s'occupait alors d'études historiques et les premiers travaux d'Auguste Comte paraissaient l'avoir vivement intéressé.

Nous lisons dans les Mémoires de M. Guizot : « J'eus à la même époque quelques rapports avec un homme qui a fait, je ne dirai pas quelque bruit, car rien n'a été moins bruyant, mais quelque effet hors de France, parmi les esprits méditatifs, et dont les idées sont devenues le *credo* d'une petite secte philosophique. Les chaires nouvelles créées soit au Collège de France, soit dans les Facultés, mettaient en mouvement toutes les ambitions savantes. M. Auguste Comte, l'auteur de ce qu'on a appelé et de ce qu'il a appelé lui-même la *Philosophie Positive*, me demanda à me voir. *Je ne le connaissais pas du tout et n'avais même jamais entendu parler de lui.* Je le reçus et nous causâmes quelque temps. Il désirait que je fisse créer pour lui, au Collège de France, une chaire d'Histoire générale des Sciences physiques et mathématiques ; et pour en démontrer la nécessité, il m'exposa lourdement et confusément ses vues sur l'homme, la société, la civilisation, la religion, la philosophie, l'histoire. C'était un homme simple, profondément convaincu, dévoué à ses idées, modeste en apparence, quoique, au fond, profondément orgueilleux et qui, sincèrement, se croyait appelé à ouvrir, pour l'esprit humain et les sociétés humaines, une ère nouvelle. J'avais quelque peine, en l'écoutant, à ne pas m'étonner tout haut qu'un esprit aussi vigoureux fût borné au point même de ne pas entrevoir la nature ni la portée des faits qu'il maniait, ou des questions qu'il tranchait, et qu'un caractère si désintéressé ne fût pas averti par ses propres sentiments, moraux malgré lui, de l'immorale fausseté de ses idées. C'est la condition du matérialisme mathématicien. Je ne tentai même pas de discuter avec M. Comte : sa sincérité, son dévouement et son aveuglement, m'inspirant cette estime triste qui se réfugie dans le silence. Il m'écrivit quelque temps après une longue lettre pour me renouveler sa demande de la chaire dont la création lui semblait indispensable pour la science et pour

la société. Quand j'aurais jugé à propos de la faire créer,
je n'aurais certes pas songé un moment à la lui donner. »

En écrivant de la sorte, M. Guizot avait-il oublié tout un
passé qu'on pouvait lui rappeler? Il croyait sans doute,
étranger qu'il était au mouvement scientifique, la *Philosophie Positive* étouffée et pensait qu'on pouvait impunément
lui jeter une dernière pierre. M. Guizot altérait donc
sciemment la vérité; la comparaison de ce passage de ses
mémoires et de sa correspondance avec Auguste Comte, ne
saurait laisser aucun doute à cet égard. En produisant ici
cet épisode, si peu connu, de la vie de M. Guizot, nous
n'avons eu qu'une chose en vue, c'est de montrer le
mauvais accueil que reçoit la *Philosophie Positive* chez les
métaphysiciens comme chez les savants. M. Guizot parle
de l'immorale fausseté des idées de l'écrivain, dont il
reconnaît cependant la moralité des sentiments. La *Philosophie Positive* avait paru quand M. Guizot écrivait cela;
tout autre qu'un sectaire se serait incliné devant la haute
moralité d'une œuvre que personne. même dans le camp
théologique, n'a jamais contestée.

La *Philosophie Positive* avait eu un puissant adhérent
en M. Stuart Mill. Elle avait eu des lecteurs sérieux à
Londres. M. Mill n'eut pas grand chose à faire pour
décider M. Grote, l'éminent historien de la Grèce;
sir W. Molesworth, littérateur bien connu, et M. Raikes
Currie, à réparer les tristes effets de la spoliation polytechnique. Il put annoncer à M. Comte que la perte de ses
appointements serait couverte par eux. Le subside qu'il
obtint en cette occasion de ces Messieurs ne devait, à
leurs yeux, avoir qu'un caractère temporaire. M. Comte
ne l'entendait pas ainsi. Dans la pensée que sa mission est
toute sociale, il s'efforce de leur démontrer qu'il doit être
soutenu par tous ceux qui s'y intéressent. Ce point de vue

était encore trop élevé et les adhésions à la *Philosophie Positive* encore trop incomplètes pour être ainsi compris. Aussi, le subside anglais cessa bientôt. M. Mill, qui avait prévu ce résultat, proposa à M. Comte une collaboration dans une revue anglaise. MM. Barri et Lewes devaient se charger de la traduction de ses articles. Le projet sourit d'abord à M. Comte, mais pour divers motifs il fut abandonné. La misère fut parfois dure rue Monsieur-le-Prince.

Le 5 août 1842, Mme Comte abandonnait volontairement le domicile de son mari. Nous avons dit les motifs qui décidèrent M. Comte à continuer une cohabitation qui, moralement, n'existait plus. Jeter à la rue celle qui portait son nom, la réduire aux exigences de la misère, était contraire à tous ses principes et à sa générosité naturelles. Se croyant lié d'ailleurs par la reconnaissance, il avait espéré que la vie sous un même toit n'aurait d'autre caractère que celui d'une généreuse tolérance, qu'on saurait respecter. Après dix-sept ans d'intimes souffrances, écrivait-il, j'ai retrouvé le calme que j'avais toujours désiré. Il accorde à Mme Comte une pension viagère qu'il prélève sur ses ressources, déjà considérablement diminuées. *L'homme doit nourrir la femme*, érige-t-il plus tard en principe. Dans le courant de ce qu'il lui reste de vie il n'y a jamais manqué. Ce caractère indomptable, qui a poursuivi la mission qu'il s'était assigné dès les premiers pas dans la vie, au milieu des plus grands obstacles, des tourments les plus poignants, était le cœur le plus aimant, la nature la plus honnête.

V

On a cru remarquer un défaut de continuité entre
l'œuvre philosophique d'Auguste Comte et son œuvre religieuse. C'est M. Littré en France, et M. Mill en Angleterre qui se sont fait les propagateurs de cette idée. Ils ont
eu des deux côtés des adhérents. Il nous sera facile de la
réfuter en montrant que l'œuvre religieuse du grand novateur est déjà implicitement contenue dans l'œuvre philosophique. Nous ferons remarquer auparavant qu'une
fondation religieuse ne s'adresse pas à tous les esprits.
Pour être acceptée, elle exige une certaine sentimentalité,
qu'on ne trouve pas toujours chez ceux-là mêmes qui ont
pu en accepter la base spéculative. C'est, en effet, ce qui est
arrivé ici. Aussi, Auguste Comte n'a-t-il été suivi que par
un petit nombre de ses premiers adhérents ; les autres,
placés au point de vue spéculatif, n'attendaient que de
l'esprit la solution des grandes questions posées. Combien
peu de nos jours sont disposés à admettre que nos conceptions quelconques supposent, à des degrés variés, le concours du cœur et de l'esprit.

Nous avons vu Auguste Comte, bien jeune encore, après
avoir constaté l'épuisement de toutes les anciennes doctrines dirigeantes, faire appel aux savants et les inviter à
constituer un nouveau pouvoir spirituel, qui, croyait-il, ne
pouvait être exercé que par eux. Dans une première série
d'opuscules, après avoir exposé la loi qui fixe l'esprit

humain, il entreprend, en s'en inspirant, de montrer celles qui président à la succession des phénomènes sociaux. Il se réserve de traiter ultérieurement la grande question de l'éducation. Après ces divers essais, il consacre douze années d'une pleine maturité à écrire son œuvre fondamentale, la *Philosophie positive*. Il y passe en revue l'ensemble de toutes les conceptions humaines, dont il indique la marche conformément à sa grande loi, ce qui lui permet d'établir la hiérarchie scientifique, qu'il couronne par l'adjonction d'un dernier terme, la *Sociologie*. Cette vaste élaboration qui eut suffi à elle seule pour illustrer une grande existence, lui donne le moyen d'établir la loi de tout classement, suivant l'ordre de la généralité décroissante et de la complication croissante. La sociologie peut devenir désormais le résumé et le but de la science humaine, puisque tous ses phénomènes se compliquent naturellement de tous ceux que présentent les autres domaines de la hiérarchie abstraite. Ainsi s'établit l'unité spéculative vainement poursuivi par la métaphysique. L'élaboration sociologique se divise en deux parties, l'une statique, relative à l'existence, c'est-à-dire à la texture du grand organisme, indépendamment des temps et des lieux; l'autre dynamique, qui montre son évolution à travers les âges. Quoique la première partie ne soit en quelque sorte qu'ébauchée dans la grande œuvre, elle n'établit pas moins, comme nous l'avons vu, après avoir montré les lois de la constitution individuelle, les grandes théories de la famille, de la société, que complète celle du sacerdoce. Contrairement à toutes les rêveries, de toutes les écoles métaphysiques, on y proclame la nécessité de la prépondérance du cœur sur l'esprit. Nos conceptions quelconques, comme tous nos actes se trouvent toujours inspirées ou commandées par un mobile affectif, et la vie sociale, aussi bien que l'existence domestique, ne peut arriver à l'unité que par la subordination de nos instincts égoïstes à nos dispositions sympathiques.

Que faut-il maintenant pour que la philosophie s'élève à la dignité de religion? Un pouvoir spirituel distinct du pouvoir temporel, c'est-à-dire un sacerdoce directeur, puis une doctrine dirigeante, qui l'investit de la direction des esprits et des cœurs. Dans ces conditions, la relativité de toutes nos conceptions étant reconnue, l'art peut les embellir et les faire concourir à la culture du sentiment. Un vaste système d'éducation, s'étendant à toutes les choses de la société, comme sous le régime catholique, peut désormais préparer chacun aux devoirs qui lui incombent, comme membre de la famille humaine. La solidarité et la continuité sociale proclamées, l'Humanité n'apparaît-elle pas comme le suprême régulateur de toute existence et son service comme le but de tous les efforts. Un culte, un dogme, un régime vont surgir en quelque sorte spontanément. Qui peut maintenant douter de la continuité de la double fondation philosophique et religieuse. Si la mort avait prématurément arrêté la carrière du grand philosophe, après sa première fondation, tout autre, se plaçant à son point de vue, en des conditions favorables d'instruction et de sentimentalité, n'aurait-il pas été poussé, sous une stimulation sociale suffisante à compléter ou plutôt à continuer son œuvre par la fondation religieuse?

Cet indomptable caractère, qui a su triompher de tous les obstacles, était, avons-nous dit, le cœur le plus aimant, la nature la plus tendre. Quelque bien doué qu'il fut cependant, sous le double rapport intellectuel et moral, il le déclare lui-même, soumis aux grandes lois qui régissent notre multiple nature, il n'eut pu s'élever à ce degré de sentimentalité, qu'exigeait l'accomplissement de sa mission, sans une culture spéciale de nos mobiles les plus élevés. Il va la trouver dans une sainte affection qui fixe irrévocablement la seconde vie qui s'ouvre devant lui.

En 1842, Mme Comte a quitté volontairement le logis conjugal. Après *dix-sept ans d'intimes souffrances*, le malheureux philosophe trouve enfin le calme intérieur dont il a été toujours privé. Son cœur avide d'émotion s'ouvre aux plus douces espérances. Malgré sa lutte académique qui eut absorbé et paralysé tout autre existence, il se livre à la culture esthétique, qu'il a négligée jusqu'alors. La lecture des poètes occidentaux, italiens, anglais ou espagnols, devient une précieuse distraction pour lui. Il fréquente la salle Ventadour, où la musique lui procure le plus doux délassement. L'unité, toujours essentiellement affective, se rétablit chez lui. C'est dans ces conditions qu'il est introduit dans une honnête famille bourgeoise, où il fait la connaissance d'une jeune dame, Mme Clotilde de Vaux, que le malheur a visitée. Mariée, jeune encore, à un homme brillant, occupant une haute position financière, son union est brisée par une peine infamante dont son mari est frappé. Ne recevant qu'une petite pension de sa famille, elle est réduite à demander à sa plume ses moyens d'existence. Une communauté d'infortune rapproche deux êtres destinés à se compléter, à se comprendre. Une vie nouvelle commence, à partir de cet heureux rapprochement, pour le grand philosophe ; il n'est plus seul, tout ce qu'il écrira désormais sera le résultat d'une véritable collaboration, où la femme fournit l'inspiration et l'homme la pensée. Après un an d'une profonde intimité, la mort vient briser des liens si tardivement formés. N'importe, l'impression a été assez profonde pour qu'elle persiste après la cruelle séparation. Sa Clotilde deviendra l'objet d'un véritable culte ; il personnifiera en elle l'Humanité tout entière, dont la femme restera la véritable personnification.

Une précieuse correspondance qui a été pieusement conservée, montrera aux générations nouvelles tout ce que peut la puissance du sentiment lorsqu'elle s'associe à une grande intelligence servie par un grand caractère.

La pensée du nouveau maître va se tourner maintenant vers le traité de *Politique Positive*, plusieurs fois annoncé déjà et dont il écrit la dédicace quelques mois après la cruelle séparation. C'est un hommage public qu'il veut rendre à son éternelle amie, devenue son inspiratrice.

En 1843, il a écrit son *Traité de Géométrie analytique ou général*. C'est, avons-nous dit, la reproduction du cours qu'il a fait à l'institution Laville. Il y rétablit la filiation mathématique, de plus en plus méconnue depuis la fin du xviiie siècle, en montrant la grande révolution opérée par Descartes restée mal appréciée des géomètres.

En 1844, il nous donne son *Cours d'Astronomie populaire*; c'est encore la reproduction des leçons qu'il professe, depuis quatorze ans, à la Mairie du IIIe arrondissement. Ce volume est précédé d'un discours sur l'esprit positif, dont il s'efforce de montrer le véritable caractère, tant logique que philosophique.

En 1848, il fait paraître son *Discours sur l'ensemble du Positivisme* qui servira d'introduction au traité de *Politique Positive*. Ce discours donne une juste idée du développement systématique, surtout moral et social, qu'a reçu le Positivisme, d'après l'ensemble de ses dernières méditations. Il reproduit l'équivalent de douze mémorables séances du cours hebdomadaire, fait en 1844 à la Mairie du IIIe arrondissement, en remplacement de celui d'astronomie populaire, qui a cessé l'année précédente. Le culte de l'Humanité y est définitivement constitué. Celui qui a proclamé la prépondérance du cœur sur l'esprit va en trouver la confirmation dans une sainte affection. La régénération de cette vieille société qu'il entreprend, dès ses premiers pas dans la vie, c'est à la religion qu'il la rattache, c'est-à-dire à ce précieux concours de sentiments et de pensées que le Catholicisme a vainement poursuivi sans le réaliser, quoiqu'il ait poussé aussi loin que faire se pouvait, avec les moyens dont il disposait, la culture du cœur.

La révolution de Février surprend le novateur au milieu de son exposition. Le grand citoyen s'anime; sa théorie historique, ses profondes méditations sur la marche des événements qui se sont succédé depuis la rupture de l'unité catholique, ne permettent guère qu'à lui seul de conseiller ses concitoyens. Il ne manque pas à ce qu'il considère comme appartenant encore à sa mission, à ce que lui seul pouvait voir au milieu de la confusion générale. Les événements sociaux se sont, en effet, élevés à une telle complexité, que nul, fut-il doué de la plus haute capacité politique, ne pourrait trouver la voie sans les lumières d'une science supérieure. C'est plein de cette conviction qu'il fonde la Société positiviste, dont le caractère doit rester essentiellement politique. Dans une série d'opuscules, écrits sous son inspiration, on y aborde les grandes questions pendantes : on y montre les solutions qu'elles comportent. Un plan de gouvernement républicain est rédigé par M. Littré, alors disciple soumis. La question du travail, celle de l'enseignement public, et bien d'autres d'une moindre importance sont également traitées.

La défaite de la population parisienne en Juin et l'anarchie parlementaire croissant, les moins clairvoyants pouvaient pressentir déjà l'avènement d'une dictature. Auguste Comte n'avait pas hésité à en proclamer la nécessité. Au 2 Décembre, la Société positiviste se divise; les partisans du Parlementarisme s'en séparent; M. Littré est de ceux-là. L'Empire, c'est-à-dire un régime à la fois

militaire et rétrograde, était sans doute à redouter; mais
avant le couronnement on pouvait encore espérer que le
dictateur conserverait la République. Que pouvait-on faire
d'ailleurs en une pareille situation, la population parisienne était restée impassible, sinon attendre l'événement?

Le nouveau pouvoir spirituel qui s'était constitué avait
un devoir à remplir; il avait mission d'éclairer la suprême
magistrature qui venait de surgir sur le véritable caractère
de la situation et sur les dangers d'une politique rétrograde.
C'est ce qui fut fait. Dans une mémorable lettre à son vieil
ami, à l'un des plus assidus auditeurs de ses conférences,
M. Vieillard, alors sénateur, il fait ressortir les dangers
pour la chose publique de s'écarter des saines indications
que formulait une science sociale. La lettre à l'éminent
sénateur s'adressait évidemment plus à son ancien élève
qu'à lui-même. Elle fut lue en haut lieu, à ce qu'assura
M. Vieillard. A la plus grande honte du dictateur, elle
resta sans effet, comme on pouvait d'ailleurs le prévoir.
Mais le pouvoir spirituel naissant avait fait son devoir.

Après le couronnement, la voix du philosophe se fit
encore entendre. Dans son *Appel aux Conservateurs*, il
cherche à reconstituer un vieux parti qui pouvait avoir
encore quelques représentants. Il lui montre la possibilité
de concilier l'Ordre et le Progrès. Dans les conclusions
de ce remarquable appel, il n'hésite pas à inviter le
dictateur couronné à rétablir la forme républicaine, en se
réservant toutefois le choix de son successeur. Une pareille
décision, sans antécédents dans le passé, constituerait un
noble aveu d'une faute dont les conséquences se dessinaient
déjà. Elle pouvait mériter l'admiration et la reconnaissance
de la postérité. L'éminent sénateur affirma que l'invitation
du philosophe, qui a pu paraître bien étrange à quelques-
uns, fit faire bien des réflexions dans les sphères les plus

élevées. La postérité lui tiendra compte des efforts qu'il fit, sans trop d'espoir de succès sans doute, pour épargner à son pays et à l'Occident tout entier, des malheurs qu'il était possible de prévoir.

Désormais débordé par l'opinion, engagé dans une voie sans issue, la dictature impériale se trouvait condamnée, pour détourner le pays des préoccupations intérieures, à se jeter en des complications extérieures. L'*Appel aux Conservateurs*, quoiqu'il dût rester sans écho, ne constitua pas moins un véritable programme politique. Les préventions de l'opinion contre une dictature républicaine, que tout réclame aujourd'hui, tomberaient certainement si l'on pouvait en faire connaître les vraies conditions, telles du moins qu'elles sont exposées dans le mémorable appel. Une pleine séparation entre le spirituel et le temporel en devient la garantie nécessaire contre toute velléité de rétrogradation, en permettant la libre discussion des principes destinés à fournir une base à tout nouvel ordre social.

L'action politique du novateur s'était accomplie sans préjudice pour l'action religieuse. Le traité de *Politique Positive*, commencé en 1848, est terminé en quatre volumes, en 1854, après diverses interruptions. Qui n'admirerait l'activité de l'écrivain. Un volume de 600 pages commencé en février paraissait en septembre de la même année. Une correspondance considérable remplissait les loisirs que pouvaient laisser la méditation et les divers écrits.

VI

Je devais professer, écrire même la *Philosophie Positive*,
me disait l'incomparable penseur, mais je ne devais pas la
publier. Elle m'a été plus utile qu'à mes lecteurs, pour m'é-
lever à la hauteur qui convenait à la mission que je m'étais
assignée. Il est certain que la scission, survenue entre ceux
qui se qualifient de positivistes à des titres divers, n'aurait
pas eu lieu si l'œuvre religieuse, encore si méconnue de nos
jours, eut été présentée au public avec son grand caractère
à la fois social et moral, prenant résolument la continua-
tion du régime qu'il venait remplacer.

Nous espérons avoir prouvé qu'il n'y a eu aucune discon-
tinuité dans la pensée de l'immortel novateur. Dès les
débuts de sa carrière, c'est un pouvoir spirituel qu'il veut
instituer, c'est l'éducation qu'il a en vue, c'est la prépondérance du cœur sur l'esprit qu'il proclame, c'est à l'Art qu'il
fait appel pour présenter, en des images toujours réelles, les
conditions du vrai, du beau et du bon. Quoiqu'il n'ait pas
prononcé le mot, qui conserve encore pour beaucoup une
acception théologique, c'est une religion qu'il veut fonder :
une religion démontrée, prenant la succession de toutes
celles qui l'ont précédée dans le cours de l'évolution humaine, qu'elles aient été spontanées, inspirées ou révélées.
« L'élite de notre espèce a maintenant achevé son initiation
nécessaire et doit commencer à construire son régime définitif dont les bases systématiques sont assez déterminées.

Au règne provisoire de Dieu, il faut enfin substituer le règne irrévocable de l'Humanité. » Le but du nouvel ouvrage, la *Politique Positive*, est bien précis; il n'y a pas lieu de s'y méprendre. Il va s'élever sur la grande construction qui l'a précédé; il s'agit ici de fonder une synthèse définitive, plus favorable à l'intelligence, à l'activité et au sentiment que ne le furent tous les régimes antérieurs, qu'il faut désormais considérer comme ayant été simplement préparatoires. Pour répondre à toutes ces nouvelles exigences, la nouvelle synthèse doit être subjective. La science organique, pas plus que la science inorganique, ne comporte en elle-même aucune unité. Elles ne peuvent y arriver qu'en se subordonnant à la science de l'homme dont elles constituent, en quelque sorte, les préambules. Toute synthèse objective, reconnaissons-le, est en elle-même contradictoire; elle ne serait, en effet, possible que si la multiplicité des phénomènes naturels pouvait résulter d'un principe unique, ce qui, certes, ne saurait être admissible. La plus remarquable tentative de cette nature qui ait été faite fut celle de Descartes; encore a-t-elle laissé à la métaphysique l'étude des phénomènes intellectuels et moraux.

En nous plaçant à ce point de vue, tout le savoir humain va exiger une revision pour s'adapter désormais à sa nouvelle destination. Il y a lieu d'abord de distinguer les lois qui régissent les phénomènes, suivant qu'elles sont simples ou composées, c'est-à-dire abstraites ou concrètes. Les premières sont relatives aux événements et les autres aux êtres. Celles-là sont toujours générales, celles-ci toujours spéciales. Entre les deux domaines, il y a la différence qui existe entre le dogmatisme et l'empirisme, entre la théorie et la pratique. Les unes n'acquièrent de généralité qu'en négligeant tout ce qui peut établir une dissemblance; les autres ne pourraient se déduire des premières qu'en leur restituant tout ce qui a dû être négligé, ce qui dépasse la portée de notre puissance intellectuelle. Aussi est-ce d'après l'observation directe, conformément à un sage empirisme, qu'il faut les instituer, quand toutefois leur complexité ne les rend pas inextricables.

La raison abstraite qui différencie notre espèce de toutes les autres, même des plus voisines, peut seule nous élever à la notion de l'Humanité. La famille, la peuplade ne sauraient nous donner une idée suffisante de ce grand Être, qui s'étend à la fois dans l'espace et dans le temps, qui se compose de morts et de non-nés et dont les vivants ne sont que les agents actifs. En le définissant : *l'ensemble continu des êtres convergents,* on montre à quel haut degré d'abstraction a dû s'élever la raison humaine pour en concevoir l'existence. Rapportant désormais tout à l'Humanité, la science humaine va recevoir une constitution définitive et élaguer tout ce qui, à la *réalité*, ne rattacherait pas l'*utilité*. Dans sa première élaboration, le grand philosophe s'est élevé du simple au composé, des parties aux touts; dans la seconde, procédant des touts aux parties, il suivra une marche inverse. Nous nous trouvons ainsi en présence de deux méthodes, dont la conciliation n'est devenue possible que de nos jours.

La méthode subjective, qui explique le monde par l'homme, fut instituée par le fétichisme initial; elle n'a en vue, sans doute, que la recherche des causes; mais elle peut s'appliquer aussi à la recherche des lois et être relevée de la désuétude dont elle fut jusqu'ici frappée. La synthèse qu'institue le Positivisme doit être essentiellement subjective comme le fut la synthèse fétichique. Rapportant tout à l'Humanité, elle nous autorise à considérer nos conceptions quelconques comme résultant d'un concours dont le dehors fournit les éléments et le dedans le lien. Instituée pour nos besoins, elle ne s'écarte, sans doute, jamais de la réalité objective, mais elle rejette tout ce qu'ils n'exigent pas. Quoiqu'on renonce à constituer une synthèse objective, la méthode que celle-ci a suivie peut cependant s'associer à l'autre pour préparer les matériaux de nos conceptions. Une telle association entre les deux méthodes ferme l'ère des spécialités, qui ne doivent être cultivées à l'avenir qu'en vue de l'ensemble.

Tout esprit philosophique comprendra qu'une telle association ouvre à la pensée un champ plus vaste que celui qui fut jusqu'ici cultivé par la science, quand celle-ci ne semblait avoir d'autre but que de préparer les éléments d'une synthèse objective, vainement poursuivie. L'esprit et le cœur se trouvent désormais unis dans une œuvre commune, l'un posant les questions que l'autre résout sous son inspiration.

Dans la première œuvre du grand novateur, la *Philosophie Positive*, où le point de vue intellectuel devait prévaloir, c'est la méthode objective qui est presqu'exclusivement employée. La *Politique Positive*, se plaçant à un tout autre point de vue, emploiera la méthode subjective qui présidera constamment à ses diverses constructions. La hiérarchie scientifique, instituée d'après la première méthode, sera, avons-nous dit, naturellement soumise à une révision et ne sera plus qu'une introduction à l'étude du Grand-Être. Une pareille révision va permettre de dégager de cette vaste hiérarchie tout un enseignement logique. Le premier degré restera affecté à la déduction, tandis que les quatre autres nous initieront aux divers modes d'induction. Il ne saurait, en effet, exister d'enseignement spécial pour la logique, c'est en raisonnant qu'on apprend à raisonner et l'initiation scientifique est le meilleur exercice auquel on puisse soumettre l'intelligence.

C'est là que se manifestent, avons-nous déjà dit, les grandes lois de l'entendement.

La *Politique Positive*, écrite en vue d'une action essentiellement gouvernementale, tant spirituelle que temporelle, s'inaugure par une théorie de la religion, c'est-à-dire de l'unité humaine. Une semblable théorie s'élève sur la connaissance de nos hautes facultés cérébrales et de leur fonctionnement. Aussi doit-elle être préparée par une théorie rationnelle des fonctions du cerveau. C'est en rendant un juste hommage à la mémoire de Gall que devra s'inaugurer cette importante étude, qui arracha définitivement à la métaphysique et à la théologie le domaine intellectuel et moral. Qu'on n'oublie pas qu'après la crise cérébrale qui faillit compromettre une noble existence, que recommandait déjà un mémorable enseignement, c'est par une belle lettre à Broussais que le jeune penseur le rappelle à plus de justice envers le vigoureux penseur que les haines académiques cherchaient déjà à étouffer. Broussais répondit à cette invitation en commençant le mémorable cours de phrénologie qui clôtura sa glorieuse carrière.

Jusqu'ici le cerveau avait été considéré par les métaphysiciens comme une sorte de *substratum*, plus ou moins nécessaire à la manifestation de l'intelligence. Gall y localisa à la fois nos hautes fonctions spéculatives et morales. Au temps de Cabanis et de Bichat, c'est encore dans nos principaux viscères qu'on plaçait les sièges de ces dernières facultés. Le penseur germanique proclama à sa manière la prépondérance du cœur sur l'esprit, en subordonnant nos pensées et nos actes à une impulsion affective. Si ses localisations cérébrales doivent être en grande partie rejetées, l'œuvre tout entière ne doit pas moins être considérée comme une noble tentative qui ne manqua le but que

parce qu'elle fut prématurée. Le mouvement scientifique à
la fin du siècle dernier était assez avancé dans ses diverses
parties pour réclamer une théorie des fonctions du cerveau ;
mais ce n'était pas de la biologie qu'il fallait l'attendre.
L'observation des animaux et les observations populaires
pouvaient sans doute fournir de précieuses indications sur
la nature de ces importantes facultés ; mais quoiqu'elles
puissent être constatées chez l'individu, ce n'est que dans
la succession des phases que présente l'évolution de notre
espèce, qu'elles sont assez caractérisées pour pouvoir être
étudiées avec fruit. Pour ces raisons, malgré sa haute
portée, l'œuvre de Gall n'a pu avoir d'autre caractère
que celui d'une heureuse tentative.

Mais ce qui fut prématuré avant la découverte des
grandes lois qui règlent la marche de l'esprit humain, et
montrent la succession des phénomènes sociaux et moraux,
devenait au contraire parfaitement réalisable après la fondation de la sociologie. Alors seulement on a pu saisir les
conditions de l'unité humaine et fixer la nature et l'importance des facultés qui y concourent. Il n'y a donc rien qui
doive nous surprendre, si nous voyons du fondateur lui-
même de la sociologie, émaner une théorie des fonctions
du cerveau. Une théorie, ainsi préparée, ne pouvait être,
d'une autre part instituée que d'après la méthode subjective, la méthode objective était impuissante à la tenter ; ici
l'anatomie devait être toujours subordonnée à la physiologie. Déterminer le phénomène d'après le siège, restera
dans le domaine moral, comme l'ont prouvé tant de tentatives infructueuses, une chose toujours irréalisable.

C'est la marche inverse qui devient seule possible en
pareille matière, vu la complexité du sujet. La détermination des organes dût rester subordonnée à la connaissance
des fonctions, celle-ci devant toujours présider à celle-là.

Mais si l'inspiration sociologique doit présider à l'institution d'une théorie des fonctions du cerveau, il importe toujours qu'elle se complète par l'observation des animaux. Celle-ci devient en effet bien précieuse pour la fixation de ces facultés, qui existent en même nombre chez nous que dans les espèces les plus voisines de la nôtre. Aussi toute exploration qui ne signalerait pas chez elles les facultés que nous avons constatées chez nous, devra être considérée comme insuffisante et être poussée plus loin. « La nouvelle théorie cérébrale, dit Auguste Comte, doit être essentiellement synthétique, en ayant toujours en vue l'ensemble de l'organisme. » On ne saurait donc, comme l'a fait Gall et l'ensemble de ses successeurs, négliger les rapports qui existent entre le cerveau et nos appareils sensitifs et moteurs, et par les nerfs nutritifs avec la totalité de la vie végétative. Si le cerveau modifie le dedans, il en reçoit une stimulation qu'on ne pourrait méconnaître sans s'exposer à l'exemple des métaphysiciens, à d'étranges aberrations.

Nous n'avons pas à exposer ici la théorie cérébrale, c'est dans l'œuvre même du Maître qu'il faut l'étudier. Nous ne pouvons qu'en esquisser les grands traits pour l'intelligence de ce que nous avons à dire ultérieurement. Ce n'est pas sans raison qu'on a pu considérer une pareille théorie comme aussi décisive, en ce qui concerne les phénomènes sociaux et moraux, que le fut la découverte du double mouvement de la terre dans le domaine physique. Qu'on n'oublie pas qu'elle arrive pour ainsi dire comme le couronnement de tous les mémorables efforts auxquels nous devons la connaissance des lois qui président à l'évolution humaine.

« Le langage usuel, fidèle dépositaire de la langue universelle, dit Auguste Comte, doit nous permettre d'établir entre nos principales facultés une première division. La différence vulgaire entre les mots *esprit* et *cœur*, montre déjà la répartition de ces diverses facultés en deux groupements bien distincts. En outre, la comparaison morale des deux sexes nous rappelle que le mot *cœur* désigne alternativement tendresse et énergie. Tantôt il désigne l'affection qui dispose à agir, tantôt à la force qui dirige l'action. Dans ce dernier cas il est équivalent à celui de *caractère*. En donnant à une vieille expression une signification précise, l'ensemble de ces trois grandes fonctions pourra être désigné sous le nom *d'âme*. L'âme humaine nous présentera donc la succession de l'esprit, du cœur et du caractère. » Par l'intelligence et l'activité, l'être animé se trouve en relation directe avec le monde extérieur, soit pour le connaître, soit pour le modifier. A cet effet les deux régions correspondantes du cerveau sont respectivement liées aux appareils sensitifs et moteurs. La région affective est dépourvue de relation immédiate avec ces instruments extérieurs d'appréciation et d'action. Elle ne communique directement qu'avec les deux autres régions cérébrales, qui seules la rattachent indirectement au dehors. C'est ainsi qu'elle reçoit les impressions d'où dépendent ses propres émotions et qu'elle transmet les impulsions émanées de ses désirs spontanés. Les mêmes moyens de communication doivent aussi lui servir en sens inverse, soit pour stimuler les fonctions spéculatives, soit pour être excité par les actes pratiques.

Telle est d'après une saine analyse de notre conduite habituelle, le fonctionnement de l'appareil cérébral tout entier, dans ses relations avec le dehors et le dedans. Il se trouve résumé dans ce vers systématique :

Agir par affection et penser pour agir.

Les trois ordres de fonctions du cerveau sont assujetties à la grande loi de l'intermittence, qui caractérise tous les attributs de l'animalité. Cette alternative nécessaire d'action et de repos se concilie néanmoins avec la continuité d'action qu'exige le succès de toute opération cérébrale. La symétrie cérébrale résout cette difficulté en consacrant l'alternance d'activité des organes cérébraux. « Suspendant les impressions extérieures et les mouvements qui s'y rapportent, le sommeil doit périodiquement engourdir les deux autres régions du cerveau (spéculative et active) ; mais la masse affective veille toujours pour maintenir l'unité et la continuité de chaque existence animale. »

La méthode subjective nous oblige à placer dans la partie la plus postérieure du cerveau, toute la région affective, pour qu'elle soit plus directement en rapport avec l'ensemble de la vie végétative. La région spéculative occupera toute la partie antérieure de l'appareil cérébral, en rapport avec les appareils de la sensation. Entre ces deux régions se place naturellement la région de l'activité.

Ces diverses considérations vont nous permettre de procéder rapidement à la décomposition de chacun des trois groupes de fonctions cérébrales et préciser les fonctions élémentaires dont ils se composent.

La vie affective, qui domine et coordonne toute existence, se décompose d'abord en personnalité et sociabilité. La prépondérance de la personnalité est toujours nécessaire au plein développement de la vie végétative, qui se trouve placée tout entière sous sa dépendance. Mais, dans notre espèce, l'unité cérébrale exige que la personnalité, sans abdiquer son office, se mette au service de la sociabilité. De là résulte, dit le Maître, le grand problème humain, qui consiste à subordonner la personnalité à la sociabilité, en vue de l'Humanité.

Poussant plus loin notre analyse, nous sommes conduits à considérer l'intérêt qui caractérise la personnalité, sui-

vant qu'il est direct ou indirect. Entre nos dispositions
sympathiques et celles qui se rattachent à la plus grossière
personnalité, qui est exclusivement relative à une existence
tout individuelle, il faut placer certaines dispositions qui,
restant toujours personnelles, quant à leur origine, se rapportent néanmoins à ceux qui nous entourent pour en tirer
des satisfactions isolées. La région affectée à la personnalité
comportera ainsi une première division, en intérêt proprement dit et en ambition. Dans toute existence animale,
l'intérêt proprement dit est relatif à la conservation ou au
perfectionnement. Il n'est point d'animal qui ne cherche,
en effet, à améliorer ses conditions d'existence.

Les instincts de la conservation sont relatifs à l'individu
ou à l'espèce. La conservation individuelle ne comporte
qu'un organe qu'il faut consacrer à l'instinct nutritif ou
conservateur. Par les nerfs nutritifs, cet organe tient sous
sa dépendance tous les phénomènes de la rénovation organique, à laquelle se rattachent, directement ou indirectement, tous les actes de la conservation individuelle.

Les deux instincts relatifs à la conservation de l'espèce
sont : l'instinct sexuel et l'instinct maternel. L'un préside
au rapprochement des sexes, l'autre à la conservation du
produit. Le caractère égoïste de ce dernier ne saurait être
méconnu. En généralisant sa fonction, c'est, au fond,
l'amour des produits, l'amour de tout ce qui émane de
nous, comme l'a justement qualifié Auguste Comte. Ces deux
instincts tiennent respectivement sous leur dépendance, par
des nerfs spéciaux, l'appareil spermatique et celui des germes.

Les deux instincts du perfectionnement s'exercent, soit
en écartant tout ce qui peut constituer un obstacle à l'exercice de la volonté, soit en rapprochant les matériaux de nos
constructions quelconques, aussi bien subjectives qu'objectives. On les a qualifiés d'instinct destructeur et d'instinct

constructeur ou, plus communément, d'instinct militaire
et d'instinct industriel.

L'ambition, qui implique des relations avec le dehors
plus étendues que celles d'une existence solitaire, est qualifiée d'*orgueil* ou de *vanité*, suivant qu'elle pousse à la
domination ou à l'approbation. C'est dans l'exercice de ces
deux sortes de facultés qu'il faut chercher l'origine de la
distinction établie entre les deux pouvoirs, temporel et
spirituel.

Les mobiles les plus élevés qui constituent la sociabilité
sont au nombre de trois. Ce sont : l'attachement, la vénération et la bonté. Le premier suppose l'égalité dans les
rapports; le second, la disposition à la soumission; le dernier, qui a un caractère de généralité, dispose naturellement
à faire le bien; c'est la charité des chrétiens; il est communément qualifié d'humanité.

Si, aux instincts qui constituent la personnalité, qu'elle
soit directe ou indirecte, on applique la qualification
d'égoïsme, les trois mobiles sympathiques pourront, de leur
côté, recevoir celle d'altruisme, qui montre leur caractère
essentiellement social. Ce dernier mot, d'une institution
toute récente, est aujourd'hui communément accepté. La
région altruiste doit, naturellement, confiner à la région
spéculative, qui reçoit d'elle ses meilleures impulsions.

Nos plus hautes facultés spéculatives se retrouvent dans
les espèces les plus voisines de la nature. Ce n'est pas
cependant à l'observation des animaux qu'il faut demander
de nous les révéler. Le spectacle historique peut seul, en
effet, nous en présenter la manifestation complète. Ce
recours a manqué à Gall. Ces facultés sont au nombre de
cinq : « Leurs opérations irréductibles, dit Auguste Comte,
doivent être d'une nature abstraite, afin de convenir également aux diverses productions quelconques de notre intel-

ligence. Sa marche essentielle reste, en effet, toujours la même, soit dans les combinaisons pratiques, soit dans les compositions théoriques, tant scientifiques qu'esthétiques.

« Il faut distinguer deux sortes de fonctions mentales, les unes relatives à la conception, les autres à l'expression. » La conception est passive ou active. La première est qualifiée de *contemplative*, et la seconde de *méditative*. Les *idées*, c'est-à-dire les *images*, sont fournies par la contemplation et les *pensées* par la méditation. On fait siéger la contemplation dans la partie inférieure du cerveau frontal et la méditation dans la partie supérieure. « On est ensuite conduit à distinguer deux modes de contemplations : l'une essentiellement synthétique se rapporte aux êtres, et par conséquent il offre un caractère concret ; l'autre, toujours analytique, apprécie les événements, en sorte que sa nature est abstraite. Le premier procure des notions réelles, mais particulières ; le second des conceptions générales, mais plus ou moins artificielles. »

Quant à la méditation, sa décomposition normale est facile à établir. On médite, en effet, en posant des principes ou en tirant des conséquences. On compare d'une part, on coordonne d'une autre, d'où généralisation ou systématisation. Tels sont les deux modes de la méditation ; elle est : inductive ou déductive.

A l'expression, il faut consacrer un organe unique dont l'office consiste à inventer ou à apprendre des signes quelconques. Que peut être le signe, sinon une image réduite ? Tous les mouvements volontaires peuvent déjà servir au langage ; mais les sons vocaux fournissent de préférence la plupart des signes du discours.

Telles sont donc les cinq grandes fonctions qui concourent toujours à toutes nos opérations spéculatives.

Après avoir déterminé le principe d'impulsion qui émane

du cœur, et les moyens consultatifs qui appartiennent exclusivement à l'esprit, il ne nous reste plus qu'à fixer les organes qui constituent le caractère proprement dit, d'où dépend la réalisation de chaque résultat voulu et préparé. Ces organes sont au nombre de trois. Tout être actif doit se trouver doué de courage pour entreprendre, de prudence pour exécuter et de fermeté pour accomplir. Ces trois organes siègent dans la partie médiane du cerveau, entre les plus nobles organes affectifs et ceux que notre théorie a déjà affectés à l'ambition. La région de l'activité tient sous sa dépendance tous les mouvements volontaires ou involontaires par la moëlle épinière. L'organe du courage est seul en relation avec cet appareil, c'est l'organe des mouvements excités; les deux autres organes pratiques ne font que retenir ou maintenir le mouvement ou plutôt la volonté qui l'a déterminée. La qualification d'organes des mouvements retenus ou maintenus montrent mieux leur véritable destination que celle qui est couramment acceptée.

C'est à tort qu'on a voulu affecter des organes spéciaux à la volonté, à l'attention, à l'imagination. Ce sont des fonctions complexes qui exigent le concours de l'appareil cérébral tout entier. La volonté, comme le définit Auguste Comte, ne peut être que le dernier état du désir, lorsque la consultation mentale a déterminé la convenance de l'action. L'attention implique un désir soutenu. Le souvenir d'une chose réclame tout le travail spéculatif d'où résulte une découverte quelconque. Il n'y a de différence entre ces deux opérations qu'en ce que la première se reproduit d'après une opération mentale et des impressions sensitives antérieures qui la rendent naturellement plus facile et parfois très rapide. Les mémoires spéciales se rattachent à des dispositions particulières, des ganglions sensitifs, sièges de la sensation, ou de certaines habitudes contractées. Nous en dirons autant de l'imagination qui implique une construction où l'ensemble des organes spéculatifs entrent vivement en jeu sous la stimulation qui émane d'une impulsion tout affective.

La belle théorie que nous venons d'esquisser à grands traits se trouve résumée de la manière suivante par l'immortel auteur. « L'ensemble de ces dix-huit organes cérébraux constitue l'appareil nerveux central, qui, d'une part, stimule la vie de nutrition, et d'une autre part coordonne la vie de relation en liant ces deux sortes de fonctions extérieures. La région spéculative communique directement avec les nerfs sensitifs et la région active avec les nerfs moteurs. Mais la région affective n'a de connexité nerveuse qu'avec les viscères végétatifs sans aucune correspondance immédiate avec le monde extérieur, qui ne s'y lie qu'à l'aide des deux autres régions. Ce centre essentiel de toute existence humaine fonctionne continuellement d'après le repos alternatif des deux moitiés symétriques de chacun de ses organes. Envers le reste du cerveau, l'intermittence périodique est aussi complète que celle des sens et des muscles. Ainsi l'harmonie vitale dépend de la principale région cérébrale, sous l'impulsion de laquelle les deux autres dirigent les relations passives et actives de l'animal avec le milieu. »

Cette mémorable élaboration, aussi décisive dans son genre, avons-nous dit, que celle de Képler et de Galilée dans le domaine physique, a été suivie d'un immense progrès dans la conception du grand novateur, par l'adjonction d'un septième terme à la hiérarchie abstraite, celle de la morale positive. Le degré biologique de cette grande hiérarchie nous initie sans doute à la connaissance des lois qui régissent l'universalité des êtres vivants, mais la connaissance de l'homme moral qui se trouve de plus en plus dominé par l'ensemble de nos antécédents sociaux, exige une étude distincte, qui ne pourrait se dégager suffisamment de la sociologie, laquelle ne peut que nous révéler les lois de l'évolution de notre espèce sans pouvoir en dispenser, bien qu'elle doive l'instituer.

Un mot maintenant sur la nouvelle composition qui ouvre la seconde vie du grand novateur. C'est l'étude de l'Humanité qu'elle a en vue. Elle se décompose en deux parties essentielles, l'une statique, qui concerne la nature fondamentale du grand organisme; l'autre dynamique, se rapportant à son évolution. C'est la matière déjà exposée dans la *Philosophie Positive* qui est reprise ici; mais dans un tout autre esprit. Le point de vue moral prévaudra dans l'exposition des lois statiques et le point de vue politique et social dans celle des lois dynamiques. Les lois statiques ne furent en quelque sorte qu'indiquées dans l'œuvre fondamentale, presqu'entièrement consacré à la dynamique sociale. Dans la première œuvre, la *Philosophie Positive*, il fallait avant tout montrer les lois du progrès humain; dans la nouvelle, toute religieuse, la *Politique Positive*, ce sont celles de l'ordre, conçues indépendamment des temps et des lieux, qui doivent plus spécialement fixer l'attention. Que peut être, en effet, le progrès, sinon le développement de l'ordre? Placé à ce point de vue, le volume statique de la *Politique Positive* va naturellement s'ouvrir par la théorie de la religion, qui n'est au fond que celle de l'unité humaine. Il abordera ensuite successivement les grandes théories de la propriété, de la famille, du langage, de la société, etc.

CLASSIFICATION POSITIVE DES DIX-HUIT FONCTIONS INTÉRIEURES DU CERVEAU

ou

Tableau systématique de l'Ame

PAR LE FONDATEUR DU POSITIVISME

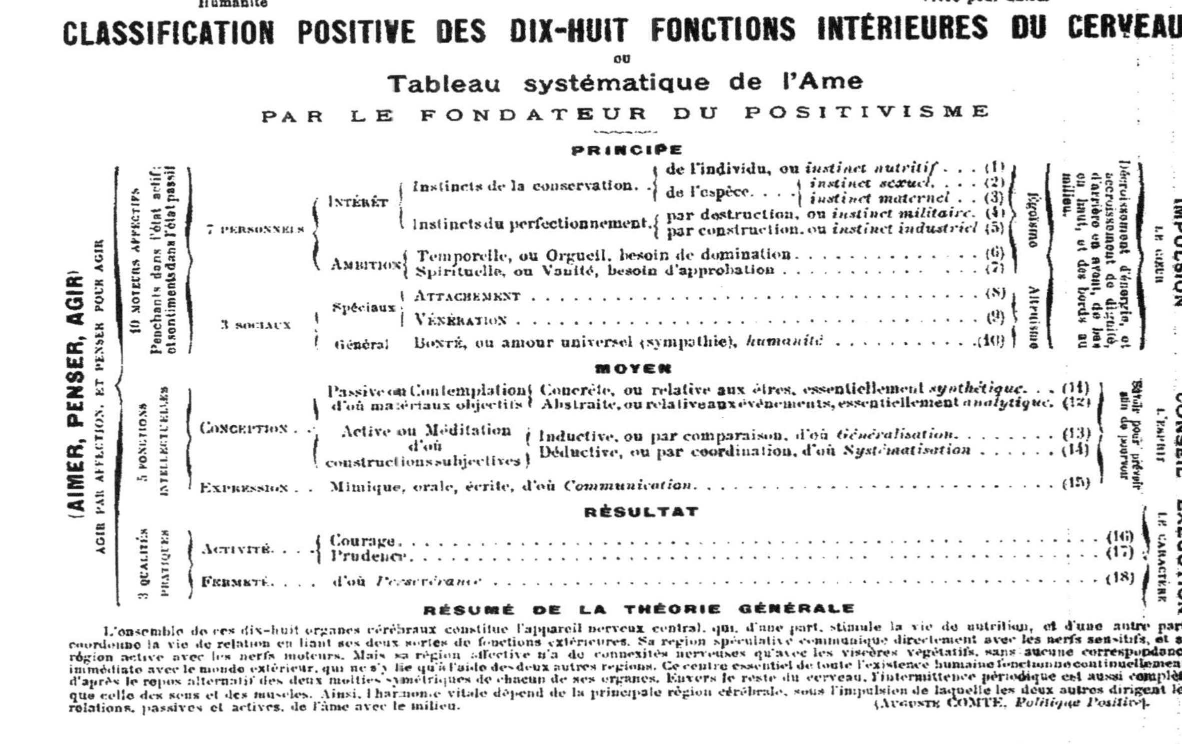

(AIMER, PENSER, AGIR) — AGIR PAR AFFECTION, ET PENSER POUR AGIR

10 MOTEURS AFFECTIFS — Penchants dans l'état actif; et sentiments dans l'état passif

5 FONCTIONS INTELLECTUELLES

3 QUALITÉS PRATIQUES

PRINCIPE

7 PERSONNELS

INTÉRÊT
- Instincts de la conservation.
  - de l'individu, ou *instinct nutritif* . . . (1)
  - de l'espèce :
    - *instinct sexuel* . . . . (2)
    - *instinct maternel* . . (3)
- Instincts du perfectionnement.
  - par destruction, ou *instinct militaire*. (4)
  - par construction, ou *instinct industriel* (5)

AMBITION
- Temporelle, ou Orgueil, besoin de domination . . . . . . (6)
- Spirituelle, ou Vanité, besoin d'approbation . . . . . . (7)

3 SOCIAUX

Spéciaux
- ATTACHEMENT . . . . (8)
- VÉNÉRATION . . . . (9)

Général
- Bonté, ou amour universel (sympathie), *humanité* . . . . . . (10)

MOYEN

CONCEPTION
- Passive ou Contemplation, d'où matériaux objectifs :
  - Concrète, ou relative aux êtres, essentiellement *synthétique*. . . (11)
  - Abstraite, ou relative aux événements, essentiellement *analytique*. (12)
- Active ou Méditation, d'où constructions subjectives :
  - Inductive, ou par comparaison, d'où *Généralisation*. . . (13)
  - Déductive, ou par coordination, d'où *Systématisation* . . . . . (14)

EXPRESSION
- Mimique, orale, écrite, d'où *Communication*. . . . . (15)

RÉSULTAT

ACTIVITÉ
- Courage. . . . . (16)
- Prudence. . . . . (17)

FERMETÉ
- d'où *Persévérance* . . . . (18)

IMPULSION — LE CŒUR

Décroissement d'énergie, et accroissement de dignité, d'arrière en avant, de bas en haut, et des bords au milieu.

Égoïsme   Altruisme

CONSEIL — L'ESPRIT

Savoir pour prévoir afin de pourvoir

EXÉCUTION — LE CARACTÈRE

RÉSUMÉ DE LA THÉORIE GÉNÉRALE

L'ensemble de ces dix-huit organes cérébraux constitue l'appareil nerveux central, qui, d'une part, stimule la vie de nutrition, et d'une autre part, coordonne la vie de relation en liant ses deux sortes de fonctions extérieures. Sa région spéculative communique directement avec les nerfs sensitifs, et sa région active avec les nerfs moteurs. Mais sa région affective n'a de connexités nerveuses qu'avec les viscères végétatifs, sans aucune correspondance immédiate avec le monde extérieur, qui ne s'y lie qu'à l'aide des deux autres régions. Ce centre essentiel de toute l'existence humaine fonctionne continuellement, d'après le repos alternatif des deux moitiés symétriques de chacun de ses organes. Envers le reste du cerveau, l'intermittence périodique est aussi complète que celle des sens et des muscles. Ainsi, l'harmonie vitale dépend de la principale région cérébrale, sous l'impulsion de laquelle les deux autres dirigent les relations, passives et actives, de l'âme avec le milieu.

(Auguste COMTE, *Politique Positive*.)

VII

D'abord spontanée, puis inspirée et ensuite révélée, la
religion, dit le Maître, devient enfin démontrée. Sa constitution normale, ajoute-t-il, doit satisfaire à la fois le sentiment, l'imagination et le raisonnement. En outre, elle
embrasse directement l'activité, que ne purent jamais consacrer assez ni le fétichisme, ni le polythéisme, ni surtout
le monothéisme. Telles sont, en peu de mots, l'histoire et la
nature des diverses manifestations religieuses qui ont successivement prévalu jusqu'à ce jour.

En dégageant de ces différentes manifestations ce qu'elles
présentent de commun, on peut, désormais, construire une
théorie générale de la religion. Lorsqu'on dépouille cette
expression de toute acception théologique, elle désigne
« l'état de pleine harmonie propre à l'existence humaine,
tant collective qu'individuelle, quand toutes ses parties sont
convenablement coordonnées. » Dans un organisme dont
tous les éléments peuvent paraître d'abord indépendants, la
religion ainsi conçue doit avoir pour but, tantôt de *régler*
chaque existence personnelle, tantôt de *rallier* les diverses
personnalités. Ces deux conditions sont nécessaires pour
s'élever à la pleine unité qui constitue l'état religieux. Toutes
les manifestations religieuses qui ont successivement prévalu jusqu'à ce jour, ont dû, à des degrés divers, s'y con-
former. Le Polythéisme régla en ralliant et, inversement,
le Monothéisme rallia en réglant. Ces deux conditions sont,

l'une objective, l'autre subjective. L'une est, en effet, tout intellectuelle et l'autre, essentiellement morale. L'intelligence fait connaître au dehors un ordre prépondérant, auquel toute existence doit se subordonner. Une affection, capable de dominer toutes les autres, doit maintenir au dedans une harmonie nécessaire. Ces deux conditions, pour être efficaces, doivent pouvoir se combiner. La soumission que commande ou impose le dehors, favorise la discipline intérieure et celle-ci, quand elle est établie, ne peut que disposer davantage à reconnaître l'empire du dehors.

Telle est, dans l'harmonie sociale, l'importance du sentiment de la vénération, qui dispose à la soumission. Quoique. dans son analyse, Gall ait négligé les conditions extérieures de tout état religieux, il n'a pas moins compris qu'un pareil sentiment en constitue un des éléments les plus importants.

De ces diverses considérations peut découler la composition générale de la religion. Il faut qu'elle soit constituée sur une base intellectuelle et sur une impulsion morale. L'institution de cette base est l'objet du *dogme*, lequel consiste à déterminer l'ensemble de l'ordre extérieur et notre dépendance à son égard. En ce qui concerne l'impulsion morale, il y a lieu de distinguer entre les sentiments et les actes que déterminent ceux-ci. De ces deux attributions il faut considérer l'une comme concernant le dedans et l'autre le dehors. Elles constituent le *culte* et le *régime*. L'amour préside à l'un et commande à l'autre. Quoique l'un et l'autre semblent d'abord devoir se subordonner au dogme, toute impulsion émanant du dedans, dans la pratique ordinaire de la vie, c'est l'inverse qui se produit.

Telle est la composition de la religion qui, devant instituer et maintenir un état de pleine unité, embrasse à la fois les trois aspects essentiels de toute existence : Aimer, penser et agir, devient son éternel but. La prépondérance ainsi accordée au culte justifie l'usage universel qui caractérise la religion par le culte.

Une théorie abstraite de la religion devait se dégager, comme en tout autre étude théorique, de ce qu'offrent de commun toutes les diverses manifestations religieuses. Une seule devant finalement prévaloir, il nous reste à déterminer le mode synthétique le plus apte à atteindre le double but que doit avoir toujours en vue tout état religieux.

En embrassant dans son ensemble la succession des âges, on dirait que la sagesse humaine s'est toujours proposée de développer de plus en plus, soit le penchant régulateur, soit la croyance coordinatrice, dont le concours est nécessaire à l'institution de tout état religieux. Toute croyance religieuse s'appuyant implicitement sur une conception extérieure, c'est à apprécier celle-ci dans ses effets sur notre constitution cérébrale qu'il faut d'abord procéder. Notre théorie cérébrale met en relation directe avec le dehors la région spéculative de l'appareil nerveux central par les nerfs sensitifs, et la région de l'activité par les nerfs moteurs. Sa région affective n'a de rapport avec l'extérieur que par les deux autres. Toutes les modifications survenues dans les sentiments se rattacheront ainsi à celles qui surviennent dans notre manière de concevoir l'ordre extérieur. C'est donc l'ordre extérieur qui modifiera nos affections. De là naturellement divers modes d'unité, qui dépendront de nos opinions. La vie active, rendant inéludable la prépondérance extérieure, la fixité de nos opinions et consécutivement celle de nos sentiments, ne s'établira que lorsque le dehors nous sera définitivement connu. Le meilleur mode synthétique ne se constituera en conséquence que lorsque le régulateur externe, qui dirige toujours notre activité, étendra aussi son action à la fois à l'intelligence et au sentiment. Cependant si le dehors doit toujours régler le dedans, il ne faut pas qu'il en altère la spontanéité. Tel est l'écueil qu'il faut ici toujours éviter. Il ne le sera que par un sage concours des deux modes objectif et subjectif. Trop d'objectivité nous jetterait dans le plus grossier matérialisme; un excès de subjectivité nous entraînerait dans un mysticisme aussi funeste à l'esprit qu'au cœur. Tout en acceptant l'obligation de se soumettre aux fatalités extérieures, le sentiment ne devra conserver cependant, de l'exploration objective, que ce qui peut concourir à l'institution et au maintien de l'unité, la réalité devant rester inséparable de l'utilité.

Quelques développements sont encore nécessaires pour mieux préciser les vraies conditions de l'unité religieuse.

Les lois physiques et les lois morales sont, de leur nature, indépendantes et ne peuvent être liées que subjectivement par les lois intellectuelles qui reçoivent d'elles une constante stimulation. La grande construction religieuse qui s'élève sur ces trois sortes de lois ne saurait, malgré la solidarité qui s'établit ainsi entre elles, acquérir un caractère synthétique que par la prépondérance du sentiment.

Or, en étendant notre hiérarchie scientifique jusqu'à l'ordre social et moral, chacun de nous ne peut que sentir sa double dépendance à l'égard du passé et de l'avenir. Alors par la reconnaissance qu'elle développe envers l'ensemble de nos prédécesseurs, la *foi*, qui nous révèle leur salutaire influence, vient ainsi stimuler l'*amour*. De cet indissoluble concours résulte naturellement le meilleur mode synthétique; car c'est toujours à travers l'ordre social que l'individu subit l'ordre extérieur, dont les effets atténués concourent à notre amélioration. Ainsi se manifeste de plus en plus la puissance du Grand Être, dont l'existence se révèle désormais à chacun par son influence, tant physique que sociale. Telles sont les considérations qui nous permettent de nous élever à la notion de l'Humanité, que le grand novateur a pu définir : *l'ensemble continu des êtres convergents*. Une telle définition embrasse à la fois le passé et l'avenir. Si l'on ne peut au Grand Être accorder la toute puissance, puisqu'il subit, comme tout ce qui vit, les fatalités extérieures, qu'il n'a pu que modifier, on ne peut lui refuser la souveraine bonté. Il est nécessairement constitué d'une partie objective et d'une partie subjective. Les morts et les non-nés composent la première et les vivants la seconde. Ceux-ci ne sont que ses serviteurs et ils n'en feront partie que si leurs services les rendent dignes de l'incorporation finale.

À ce Grand Être il faut sans doute une représentation. Ainsi le réclament les convenances du cœur et celles de l'esprit. Il en comporte sans doute diverses. Il n'est aucun de ses produits qui ne rappelle, en effet, son existence. Il en est un cependant qui condense tous ses attributs et rappelle son action continue : c'est l'organisme féminin. Supérieures par l'amour, mieux disposées à toujours subordonner au sentiment l'intelligence et l'activité, les femmes constituent spontanément des êtres intermédiaires entre l'Humanité et les hommes. Telle est leur sublime destination dans une religion démontrée. Le Grand Être leur confie spécialement la présidence morale pour entretenir la culture directe et continue de l'affection universelle, au milieu des tendances théoriques et pratiques qui nous en détournent sans cesse. Plus tard, le grand novateur élèvera la femme sur l'autel de l'Humanité parée de ses inséparables attributs de tendresse et de pureté.

Nous venons de résumer la théorie de la religion, d'indiquer sa composition, et de montrer le mode synthétique le plus apte à atteindre le double but que doit incessamment poursuivre toute fondation religieuse. Si le dehors, avons nous dit, doit toujours régler le dedans, il ne doit jamais cependant en altérer la spontanéité. L'immuabilité des lois qui régissent notre double nature, reste, en effet, toujours compatible avec la variabilité, qui permet de toujours concilier l'ordre et le progrès, sous la présidence de l'amour, source de toute unité.

A chaque phase quelconque de notre existence on pourra toujours appliquer la formule sacrée de la religion de l'Humanité : l'*Amour pour principe et l'Ordre pour base; le Progrès pour but.*

La belle théorie que nous venons d'esquisser à grands traits n'aurait pu, ainsi qu'il est facile de s'en convaincre, se passer de la théorie des fonctions du cerveau, sur laquelle elle s'est naturellement élevée. Elle ouvre une ère toute nouvelle, où la philosophie vient s'épanouir, en quelque sorte, dans la religion, après que la science a couronné son œuvre par l'institution des lois qui président à la marche de l'esprit humain.

Dans la première partie de sa trop courte existence, le grand novateur ne pouvait avoir d'autre but que de montrer les grandes lois encore inconnues au début de sa mémorable carrière. C'est sur cette base qu'il a élevé sa grande construction. Si la méthode objective dut présider à la première élaboration, c'est la méthode subjective qui va aujourd'hui faire les frais de la seconde. Tout devant être désormais rapporté à l'Humanité, il y avait lieu d'élaguer tout ce qui, tout en revêtant le caractère de réalité, ne pouvait servir à montrer son action séculaire et notre intime dépendance à son égard. Placé à ce point de vue, la nouvelle élaboration, à laquelle la qualification de *Politique Positive* convient à tous égards, devait songer avant tout à tirer de la connaissance du passé, la constitution de l'avenir. Quel sera cet avenir? C'est ce que nous montrera le volume final d'une œuvre plusieurs fois annoncée dans celle qui l'a précédée. Mais il convenait auparavant, comme nous venons de le dire, de présenter sous un nouvel aspect la succession des grands évènements d'où se dégage enfin cet avenir si confusément entrevu jusqu'ici. Il y aura lieu encore de les étudier sous les deux aspects, statique et dynamique, c'est-à-dire dans ce qu'ils présentent de commun dans tous les temps, dans tous les lieux, puis dans leur filiation naturelle. Ce sera la matière des deux tomes moyens de l'œuvre de seconde vie.

Après avoir exposé les conditions de l'unité humaine, le volume statique traitera des grandes théories de la propriété, de la famille, du langage, que suivra celle de l'organisme social, théories qui furent à peine ébauchées dans la *Philosophie Positive*. On ne pourrait donner qu'une idée fort incomplète de ces différentes questions en voulant les traiter ici; ce serait s'exposer à les déflorer. Spéculant sur l'individu, les métaphysiciens en ont manqué la solution, en faisant abstraction de la société qui le domine de plus en plus. Ceux qui remonteront à l'œuvre du maître verront s'évanouir une foule de sophismes, économiques ou autres, qui ont encore cours aujourd'hui.

Toutes les espèces animales élevées, pouvant être considérées comme des Grands Êtres avortés, contenues dans leur développement par la prépondérance humaine, c'est chez elles qu'il faut chercher l'ébauche de certaines institutions qui leur sont communes avec notre espèce. L'évolution sociale n'a pu que féconder et développer chez nous, ce qui existe à l'état rudimentaire chez elles. Leur constitution actuelle ne saurait donc être considérée comme invariable; c'est à la dynamique sociale à fixer ce que leur réserve l'avenir sous une meilleure culture.

Les deux grandes théories relatives à l'organisme social systématisé par le sacerdoce sont des plus importantes. L'une de ces théories est relative à la structure et l'autre à l'existence. Sous cette expression il faut voir l'activité propre et continue de tout organisme et cela indépendamment des temps et des lieux.

La constitution de l'organisme social doit être considérée comme résultant du grand principe attribué à Aristote, sur l'indépendance des offices et leur concours nécessaire. Considérant la famille comme élément primordial de toute société, on la voit s'élever jusqu'à l'essor religieux, qui est le plus haut degré de l'association humaine, comme rattachant le présent à la fois au passé et à l'avenir. Alors le principe d'Aristote suffit pour motiver la séparation qui doit toujours exister entre le sacerdoce et le gouvernement proprement dit. La séparation des deux pouvoirs, spirituel et temporel, constituera, par leur indépendance et leur concours nécessaire, le vrai caractère de la pleine maturité propre à l'organisme social, qui jusqu'ici a été trop incomplet pour que son existence fut pleinement appréciable. Comme pouvoir directeur et régulateur, le sacerdoce devra avant tout s'élever à la connaissance de l'ordre réel, matériel et social, de laquelle il tirera sa puissance; l'éducation lui revient naturellement. C'est ainsi qu'il peut faire prévaloir les deux grandes notions de solidarité et de continuité, base nécessaire de toute harmonie tant objective que subjective.

La sociologie statique devait aussi traiter des limites de variations que comporte l'ordre humain. Si l'ordre fut conçu comme immobile par l'antiquité, il ne saurait en être ainsi, depuisque le dernier essor scientifique a révélé les grandes lois qui président à la succession des événements humains. La notion du progrès resterait cependant confuse, si les modifications de l'ordre n'étaient suffisamment circonscrites. Telle est la destination d'une théorie générale de la modificabilité, conçue d'abord dans toute son extension, et comme embrassant l'ensemble des phénomènes naturels. Limitée ici aux phénomènes sociaux, elle jette un jour éclatant sur l'action des influences modificatrices qui ont pu à des degrés divers retarder ou même troubler la marche des sociétés humaines.

Après avoir étudié sous le rapport statique le grand organisme en ce qui concerne sa structure et son existence, la sociologie dynamique doit aborder l'étude des lois qui commandent son évolution. Le grand spectacle historique a révélé à l'immortel auteur la marche de l'esprit humain. D'après elle il nous a présenté les lois qui président à la succession des phénomènes sociaux. Si la *Philosophie Positive* fut, en quelque sorte une œuvre de découverte, la *Politique Positive* qui va élever sur cette première exploration une véritable construction, ne saurait conserver le même caractère.

Les lois dynamiques nous paraissent d'abord devoir être au nombre de trois, conformément à nos trois grandes fonctions cérébrales, le sentiment, l'intelligence et l'activité. On s'aperçoit bientôt qu'elles peuvent se réduire à deux. La région affective du cerveau, n'étant en rapport avec l'extérieur que par les deux autres, son activité propre dépendra de la leur. Nos dispositions collectives se trouveront de la sorte réglées par l'ordre extérieur, dont nos sentiments ne subissent qu'indirectement l'ascendant. L'intelligence s'efforce de le connaître pour que l'activité puisse le modifier. C'est donc de l'intelligence que dépend notre action sur le dehors, par les idées que nous nous en faisons. Mais d'un autre côté l'intelligence ne reste pas moins elle-même dominée par le dehors qui lui

fournit à la fois, un aliment, un stimulant et un régulateur.
Il n'est rien, en effet, dans l'entendement, a-t-on dit, qui
n'émane de la sensation, c'est-à-dire du dehors. En nous
résumant, il faut admettre que nos opinions doivent
varier avec l'étendue de nos observations, qu'elles nous
soient fournies directement ou d'après l'exploration du
monde.

La loi des trois états qui a été inspirée *inductivement*
d'après la contemplation du grand spectacle historique,
peut sortir déductivement des considérations précédentes. Ne connaissant que lui-même, l'homme ne peut
expliquer le monde qu'en lui prêtant ses sentiments et ses
volontés. Il n'arrive que progressivement à l'état positif
quand ses observations se multiplient et deviennent plus
complètes. Entre l'état théologique et l'état positif, l'état
métaphysique se place naturellement, conformément à la
grande loi de philosophie première qui nous montre que
tout intermédiaire doit être normalement subordonné aux
deux extrêmes, dont il opère la liaison. Que peut-être, en
effet, l'entité métaphysique, sinon le Dieu spiritualisé ou le
phénomène généralisé, suivant qu'on est plus ou moins
rapproché de l'état théologique ou de l'état scientifique.
L'homme est ainsi amené à réduire progressivement un
excès primitif de subjectivité, jusqu'à ce que renonçant à la
recherche des causes, il leur substitue les lois qui régissent
les phénomènes.

La hiérarchie abstraite établie d'abord d'après la dépendance des diverses catégories de phénomènes à l'égard les
uns des autres pourra résulter subjectivement des mêmes
considérations.

En se mettant à ce nouveau point de vue, nos diverses
conceptions se répartiront en trois classes bien distinctes,
morales, intellectuelles et physiques. Ces dernières concer-

nent à la fois le monde extérieur et notre propre corps. Les autres sont respectivement relatives aux impulsions qui nous stimulent et aux notions qui nous guident. La complication est ici décroissante, tandis que la généralité est toujours croissante. En se conformant au nouveau mode de succession, le doute ne serait possible, quand on a décomposé la dernière classe des phénomènes en matérielles et vitales, qu'en ce qui concerne les deux autres. Une existence individuelle, avons-nous dit, ne saurait nous inspirer les lois de l'entendement, tandis qu'elles nous apparaissent dans la contemplation des diverses phases de l'évolution sociale. Elles concourent à l'institution de toutes les lois naturelles, physiques, sociales et même morales; leur degré de généralité est donc plus grand que celui que nous présentent les phénomènes de cette dernière catégorie, c'est-à-dire les phénomènes moraux, qui sont plus complexes et moins généraux assurément.

Quand on considère l'homme dans sa dépendance à l'égard de ses prédécesseurs, on voit combien son état se complique; aussi son étude réclame-t-elle une institution distincte. Si la sociologie a pu négliger tous les phénomènes résultant des modifications qui caractérisent une existence individuelle, l'étude de l'homme moral doit au contraire en tenir compte, puisque si elles ne concouraient pas à l'établissement de l'unité individuelle elles la troubleraient. Jusqu'ici, a pu dire le grand novateur, nos conceptions quelconques ont été préliminaires, sans excepter la sociologie proprement dite. Elles se sont bornées à préparer graduellement l'appréciation concrète du seul objet final de toute théorie, l'homme lui-même, dans son indivisible nature. C'est là que finit la science proprement dite. Elle devient synthéthique, c'est-à-dire religieuse, après avoir condensé ses diverses conceptions analytiques et

s'unit alors systématiquement au grand art, à l'art humain,
toujours obligé d'embrasser l'ensemble de l'ordre qu'il
doit modifier. Sous la dénomination commune de morale,
la science finale et l'art suprême montrent ainsi leur
véritable destination. La hiérarchie scientifique, enrichie
d'un septième terme, peut désormais rappeler l'éternel
problème, qui consistera toujours dans la connaissance de
l'homme.

Deux grandes lois, celle de filiation et celle du classement, nous introduisent dans le domaine de la sociologie
dynamique. Relatives seulement à l'entendement, elles seront
suivies de deux autres qui montrent la marche de l'activité
humaine et les progrès de la sentimentalité. La première,
avons-nous dit, consiste en ce que l'activité est d'abord
militaire, conquérante, puis défensive, pour devenir finalement industrielle. La seconde, relative au sentiment, présente trois états successifs; l'instinct social dut être civique
dans l'antiquité, collectif au moyen âge, pour devenir
finalement universel.

Les quatre grandes lois dont nous venons de montrer
les caractères peuvent, à la rigueur, se réduire à trois, en
fondant la loi de classement dans celle de filiation. La
dynamique sociale s'élèvera de la sorte sur trois catégories de lois relatives successivement, à l'intelligence, à
l'activité et au sentiment.

Ayant toujours en vue le gouvernement, la *Politique
Positive* ne saurait avoir le même but que la *Philosophie*.
Dans celle-ci il fallait montrer la marche du mouvement
intellectuel et social; dans l'autre c'est une direction qu'il
faut constituer. C'est de la connaissance du passé que pouvait sortir celle de l'avenir. De la nouvelle exposition des
grandes phases de l'évolution humaine que va entreprendre
la dynamique sociale, devra être élagué, en conséquence,

tout ce qui ne pourrait servir à bien faire ressortir les enseignements qui en découlent. C'est dans cet esprit que seront reprises, dans la nouvelle composition, les grandes études relatives aux divers âges de l'Humanité. Toutes les grandes théories du fétichisme, de la théocratie qui, jusqu'ici, ne furent en quelque sorte qu'ébauchées, vont recevoir un plein développement. Sur ces deux régimes propres à l'universalité des populations terrestres, s'élèveront la théorie du polythéisme grec, essentiellement intellectuel, du polythéisme romain, tout social. L'exposition du régime catholico-féodal complétera l'histoire du théologisme exceptionnel propre à l'Occident. Après l'épuisement de ce dernier régime s'ouvre la grande phase révolutionnaire. d'où nous avons encore tant de peine à nous dégager et qui contraste à tant d'égards avec la stabilité théocratique. Les lecteurs de la *Philosophie Positive* ont dû admirer la précocité du génie, qui soumettait pour la première fois à des lois, après un dur labeur, les phénomènes sociaux. Ceux de la *Politique* verront ce même génie, arrivé à toute sa maturité, après un dur labeur, poursuivi au milieu des plus intimes *souffrances*, leur ouvrir enfin les voies de l'avenir.

VIII

Ce n'est plus le grand philosophe qui tient ici la plume, c'est le novateur religieux, c'est l'émule de saint Paul et de Mahomet. Il va nous développer d'abord la théorie fondamentale du Grand Être pour nous montrer, dans un imposant tableau, la religion universelle et nous initier à l'existence normale. Telle est la matière du volume final de la *Politique Positive*.

Le passé tout entier nous apparaît sous deux aspects bien différents. L'un caractérisé par les deux mouvements fétichique et théocratique communs à toutes populations terrestres, l'autre particulier aux seuls occidentaux. La sociocratie qu'inaugure aujourd'hui le Positivisme, reprend le programme théocratique en subordonnant tout à la culture morale. La théocratie voulut instituer les mœurs de la paix avant que les forces humaines fussent suffisamment préparées, aussi fut-elle condamnée à l'immobilité. La sociocratie s'élevant sur le mouvement occidental que Rome et Athènes ont inauguré, peut désormais les combiner en vue de l'avenir. Elle est ainsi conduite à compléter la formule théocratique : *connaître pour améliorer*, en plaçant la *prévision* entre la spéculation et l'action. Sa formule finale : *savoir pour prévoir afin de pourvoir* fixe définitivement son caractère.

Sous les deux régimes extrêmes, la morale ne reste pas moins la science suprême, autant que l'art fondamental.

Héritier de tous les régimes antérieurs, le régime final se montre plus favorable à la spéculation que le régime grec ; il consacre aussi mieux que n'a pu le faire la sociabilité romaine la prépondérance de l'action, et la subordination de la vie privée à la vie publique. Sa vénération envers le moyen âge lui permet d'une autre part de glorifier l'ensemble de nos ancêtres les plus directs, tandis que la transition moderne se recommande à sa reconnaissance par la grande élaboration scientifique que vient compléter de nos jours l'institution de la sociologie. Ainsi se condensent dans une même action les forces préparées par le passé, avec, on peut le dire, un pressentiment croissant de l'avenir.

A la prévision, qui constitue le principal caractère du régime nouveau, il faut en adjoindre un second, complément nécessaire du premier : la grande notion de l'innéité des sentiments bienveillants. Le fétichisme la consacra à sa manière, le polythéisme l'admit implicitement. Si le catholicisme la méconnut, son sacerdoce, par d'honorables inconséquences, dans sa doctrine de la grâce, en utilisa les effets. Aucune morale systématique ne serait possible sans la prévision que réclame la direction des événements humains et sans la doctrine des sentiments bienveillants innés, d'où émane toute unité.

L'avènement de l'Humanité exige que nous nous sentions toujours placés entre les morts et les non-nés. La notion de continuité serait-elle possible sans l'institution d'une existence subjective? La théologie, en nous habituant à vivre avec des êtres fictifs, nous y prépara sans doute. L'institution de la famille sous le fétichisme, celle de la patrie sous le polythéisme, exigent, en effet, que chacun se sente dominé par un ensemble d'antécédents. A ces deux premières sociétés succède aujourd'hui une plus étendue : l'Humanité. L'occidentalité qu'institua le catholicisme en ébaucha la notion. La séparation des deux pouvoirs qu'il consacra habitua déjà chaque individualité à sentir la solidarité et la continuité commune en le rattachant à ceux qui ont vécu ou qui vivront un jour.

« Si l'existence du Grand Être restait sérieusement contestable, dit Auguste Comte, son règne ne serait pas prochain. Mais son développement actuel dispense de démontrer sa réalité, profondément surgie dans toutes ses productions morales, intellectuelles et même matérielles, dont l'analyse positive indique toujours le concours universel des temps et des lieux. » Qui ne se sent, en effet, dominé par les êtres passés et futurs, dont le concours perfectionne de plus en plus l'ordre réel. Nous sommes ainsi conduits à définir le Grand Être, en écartant, dit le Maître, tout ce qui peut être sous-entendu : *l'ensemble continu des êtres convergents*. Il ne peut se composer que de familles ou de cités et non d'individus qui constituent des abstractions que nous imposent encore nos habitudes ontologiques. Il faut désormais s'habituer à descendre de l'ensemble aux parties, contrairement à l'usage reçu. Aucune famille ne saurait être conçue en dehors d'un peuple, un peuple en dehors de l'espèce. L'Espèce comporte seule une définition nette et complète. Comme l'individu, elle est soumise à la double loi du développement et du perfectionnement, et, en conséquence, ne peut être bien appréciée que lorsqu'elle est arrivée à l'état adulte. L'existence du Grand Être ne pouvait être que pressentie avant qu'il eût atteint son plein développement. Composé de morts et de non-nés, il faut que sa population objective se subordonne toujours à la population subjective. Aucune personnalité ne pourrait se perpétuer sans cela. Les vivants ne sont que les agents de l'Humanité ; les morts en resteront les éternels représentants.

Nul ne peut être incorporé au Grand Être qu'après la mort, lorsque son existence aura été purgée dans son ensemble. Notre nature a besoin d'être épurée par la mort, a dit le Maître ; les élus sont ceux qui sont sortis de cette épuration à leur avantage.

Dans l'existence morale, le corps doit être considéré comme le soutien du cerveau. Les plus nobles phénomènes ne sauraient, cependant, échapper à son influence ; ils resteront toujours soumis à l'empire des plus grossiers.

Ce n'est que dans la vie subjective qu'ils peuvent s'en affranchir, lorsque chacun a été dépouillé de tout ce qui appartient à la personnalité, par l'épuration de la mort. Si néanmoins, les vivants doivent se considérer comme placés sous le patronage des morts, de qui ils tiennent tous leurs avantages, les morts ne peuvent dominer que par les vivants. Ainsi s'établit et se perpétue l'harmonie qui doit toujours exister entre la population objective de l'Humanité et sa population subjective, entre ses agents et ses représentants. La *volonté* reste le privilège de la vie objective, essentiellement modifiable, et la *fatalité* celui de la vie subjective, toujours immuable. Par sa nature, le Grand Être exclut toutes les *divergences* et développe toutes les *convergences*. Tout dans sa constitution en fait le meilleur type de toute unité. Il s'assimile dans le passé tout ce qui put servir à son avènement et ne rejette que ce qui ne peut être assimilé. Restant dans le même ordre d'idées, il écarte le théologisme dont les dogmes absolus ne comportent aucune fusion avec sa doctrine, essentiellement relative, et s'incorpore au contraire le fétichisme initial. Il y est pleinement autorisé, puisque nos lois ne purent jamais représenter les cas concrets. La raison la plus rigoureuse n'est elle pas réduite, en bien des cas, à recourir encore aux volontés pour lier les faits ? Systématisant cette disposition toujours

inhérente à notre nature, le Positivisme accepte désormais
l'assistance du fétichisme. Une pareille assistance est toujours
compatible avec la vraie rationalité, qui ne peut être que
relative et qui ne doit jamais exclure ce qui peut convenir
à sa consistance et même à son embellissement. Il lui suffit,
pour cela, de ne rien admettre qui soit en désaccord avec
les faits dûment constatés.

Sous le point de vue moral autant que sous l'aspect matériel, la combinaison des deux synthèses, initiale et finale,
devient on ne peut plus nécessaire, « car en aimant et véné-
rant tout, la fétichité restera toujours propre à seconder le
principal office de la positivité, développer la tendresse et
consolider la soumission. Voilà comment, ajoute l'immortel
auteur, la religion finale combine directement la maturité
du Grand Être avec sa première enfance. » D'après sa nature,
ajoute-t-il encore, il a pour principe l'amour universel;
la prépondérance continue du sentiment sur l'intelligence
et l'activité devient ainsi la loi fondamentale de l'harmonie
humaine. Si l'instinct sympatique combine tous les efforts,
pour surmonter les difficultés inhérentes à toute existence
collective, la satisfaction qu'il procure constitue la vraie
félicité. La mémorable sentence d'une éminente femme :
il n'y a de réel au monde qu'aimer, vient noblement
caractériser cette réciprocité d'action, de laquelle dépend le
bonheur public ou privé.

Le caractère affectif de la nouvelle synthèse, qui assure
l'unité finale, tant collective qu'individuelle, contrairement
aux habitudes reçues, lui permet de placer l'art avant la
science, comme correspondant mieux qu'elle à nos besoins
les plus intimes et comme étant aussi à la fois plus sympathique et plus synergique. Dans la période préparatoire
de l'Humanité, tant qu'il fallut développer nos forces
théoriques, la science dût rester prépondérante; dans sa

maturité, quand il faut régler nos moyens d'action, la religion doit de préférence employer l'art plutôt que la science. Dans l'éducation positive, ils auront une égale part. Les aptitudes esthétiques d'une synthèse qui fait toujours prévaloir le cœur sur l'esprit ne peuvent être méconnues. La fusion du fétichisme dans le Positivisme les augmente encore et permet de montrer déjà les avantages de cette incorporation pour cultiver le sentiment du beau.

On se rappelle la communication, relative à l'espace, que fit le philosophe adolescent à son second maître de mathématiques qui, dominé encore par l'absolutisme scientifique, ne put en sentir toute la portée. L'espace, institution essentiellement logique, comme les types réguliers en géométrie, comme l'inertie en mécanique, devient ici un milieu général, qui ne nous conservera pas seulement les formes, mais les phénomènes de toutes sortes, que l'abstraction théorique a séparés de leur siège. Notre maturité pourra, de la sorte, pousser l'idéalisation jusqu'à animer ce siège fictif, comme le fétichisme anima les êtres réels. L'espace, qui nous rend les formes qu'il nous conserve pour ainsi dire, nous rendra aussi les impressions sonores, calorifiques, lumineuses, etc.

La philosophie esthétique devient ainsi aussi complète que la philosophie scientifique. Son empire s'étend, de la sorte, aux phénomènes autant qu'aux substances auxquelles la naïveté fétichique communiqua la vie. La science, à son tour, sous la présidence de la morale, acquerra une élévation et une unité qu'elle chercha vainement sous le règne des spécialités dispersives. Il n'existe, pourra-t-on dire désormais, qu'une seule science, celle qui nous initie à la connaissance de l'homme et dont toutes les autres ne sont pour ainsi dire que les prolégomènes.

Les aptitudes pratiques de la religion finale ne sont pas moins prononcées que ses aptitudes intellectuelles. Elle fait disparaître d'abord la distinction entre les fonctions publiques et les fonctions privées. Sous un régime où tous agissent pour le bonheur collectif, une semblable distinction serait un non-sens. En écartant les parasites qui doivent finalement disparaître, tous ceux qui travaillent deviennent les serviteurs du Grand Être, dont ils doivent concourir à conserver et à augmenter les trésors matériels. Entre les entrepreneurs et les travailleurs, il faut introduire une distinction que tout doit consacrer dans le fonctionnement universel. La direction et l'exécution ne sauraient être confondues sans un grave préjudice pour les résultats aussi bien que pour la dignité et le bonheur individuel. Les chefs pratiques représentent l'Humanité, comme ministres nécessaires de la providence matérielle. Les travailleurs sont les organes normaux de la production; toujours gratuit doit être leur concours; le salaire qu'ils reçoivent est simplement destiné à remplacer les matériaux que réclame l'entretien de la vie.

Après ces diverses considérations de nature abstraite, il faut présenter le tableau concret de l'état positif. On doit déterminer d'abord la composition générale de la sociocratie et apprécier ensuite le caractère propre à chacun de ses éléments.

Moralement représentée, la société positive est, au fond, la représentation objective du Grand Être. Ses éléments, dit le grand novateur, doivent donc se ranger suivant leur aptitude à représenter l'Humanité. La distinction des sexes devient ainsi la première base de la constitution sociocratique. La femme se trouve de la sorte placée au premier rang, comme offrant la meilleure personnification de l'Humanité. Après cette division, les serviteurs du Grand Être se répartissent en théoriques et pratiques. Les premiers constituent ses interprètes; ils sont chargés d'en faire connaître la nature et les destinées. L'action proprement dite, réservée aux serviteurs pratiques, se partage entre la direction et l'exécution. Le patriciat, siège de la volonté, dirige l'emploi de tous les capitaux. Son action directrice consiste à approvisionner la famille humaine. Ses services permanents l'érigent en véritable providence matérielle. À la masse prolétaire, déchargée de toute responsabilité, dont le lendemain se trouve ainsi assuré, tous les offices techniques.

Telle est la composition normale de la sociocratie. Il faut maintenant examiner l'impulsion morale que tous les serviteurs de l'Humanité reçoivent constamment de sa personnification domestique. Une telle mission a été de tout temps spontanément remplie par le sexe affectif. Elle exige aujourd'hui une entière indépendance morale, que réclame la nature et la destination de la femme. On doit pour cela la considérer comme un être intermédiaire placé entre l'homme et l'Humanité. Ainsi considérée, il est nécessaire que son office moral prévaille toujours sur sa fonction physique. « On peut à cet égard, dit le hardi penseur, apprécier la tendance continue de l'évolution humaine, d'après la théorie par laquelle l'Apollon d'Eschyle justifie Oreste devant Minerve, comparée à la doctrine qu'Harvey formula. » D'après une telle doctrine, la fonction masculine est bien inférieure à la fonction féminine. On ne peut plus douter que l'état cérébral de la mère ne modifie puissamment son germe. L'ensemble du milieu social concourt de la sorte à sa préparation, à laquelle concourt d'ailleurs la grande loi de l'hérédité. « L'office physique de la femme devient donc une fonction collective, tant dans son origine et son exercice que d'après son résultat. Cette appréciation tend à consolider la dignité domestique du sexe affectif. Mais afin de mieux caractériser l'indépendance féminine, je crois devoir introduire une hypothèse hardie. Si l'appareil masculin ne contribue à notre génération que d'après une simple excitation, *dérivée* de sa destination organique, on conçoit la possibilité de remplacer ce stimulant par un ou plusieurs autres, dont la femme disposerait librement. » Je me hâte de dire que ce stimulant ne peut être que de nature morale.

Quelque étrange qu'ait pu paraître l'idée d'une procréation féminine, elle n'a rien cependant qui doive aujourd'hui surprendre ceux qui sont au courant des renseignements fournis par la science contemporaine. Dans un opuscule, la *Vierge-Mère*, j'ai développé cette thèse et montré que l'évolution spontanée de l'ovule est un fait constant chez les êtres inférieurs, que dans notre espèce même on trouve certains faits pathologiques qu'on peut rattacher à la même origine. Le phénomène, dit de la parthénogénèse, est signalé depuis longtemps dans la grande division des articulés. Des médecins éminents n'expliquent aujourd'hui les produits trouvés dans certains kystes de l'ovaire, que par une évolution spontanée de l'ovule, arrêté alors dans son développement. Nous reviendrons d'ailleurs sur l'hypothèse si hardie introduite par l'incomparable penseur, pour mieux faire ressortir l'office moral de la femme, en présentant la théorie de l'utopie, dont la destination sociale a été si mal conçue et si mal comprise.

Quoiqu'il en soit, les idées reçues de nos jours sur le grand acte de la reproduction des êtres, nous autorisent à nous croire surtout enfant de la femme. Son office normal l'élève au-dessus de nous et en fait à tous égards un intermédiaire auprès de l'Humanité. C'est à ce titre que le Positivisme lui laisse la présidence de l'éducation universelle.

Nous serions conduits maintenant à caractériser la constitution sociocratique du pouvoir spirituel. La séparation entre l'autorité théorique et l'autorité pratique a été déjà l'objet de certains développements sur lesquels il est inutile de revenir. « Le principal office du prêtre de l'Humanité consiste dans l'éducation encyclopédique, qui doit compléter l'initiation domestique. » C'est à lui à continuer en quelque sorte l'office féminin. A toutes les fonctions qui doivent lui revenir, philosophiques, poétiques, le sacerdoce s'adjoint l'office médical. L'universalité de son action, qui s'étend à l'ensemble de la population terrestre, préparée 'par la communauté d'enseignement. exige une langue commune. Une langue, quoiqu'aient dit les métaphysiciens, est toujours fondée sur une préparation populaire; aussi celle qui prévaudra un jour ne peut être qu'une des langues existantes. « Entre les divers idiomes de l'Occident, l'universalité doit appartenir à celui que la poésie et la musique ont le mieux cultivé, quand les modifications convenables l'auront assez systématisée.' Résultée du perfectionnement spontané de la langue propre aux meilleurs précurseurs de la sociabilité finale, il est le plus apte à lier l'avenir au présent. » Il ne peut être question ici que de la langue du Dante, que le sacerdoce consacrera au culte de l'Humanité.

Il n'y a rien à ajouter sur la constitution future du Grand Être. La destination du patriciat et son office normal nous sont suffisamment connus. La masse prolétaire, déchargée de toute responsabilité et vivant d'un salaire rémunérateur, trouvera dans les loisirs qui lui seront faits. assez de temps à consacrer à sa culture morale. Initiée à l'ensemble des connaissances humaines, elle constituera le vrai pouvoir modérateur, sous la stimulation féminine et l'assistance sacerdotale.

IX

La religion, qui doit toujours aspirer à l'unité, se compose, avons-nous vu, de trois parties : *culte, dogme* et *régime*, correspondant à nos trois sortes de facultés cérébrales, c'est-à-dire au sentiment, à l'intelligence et à l'activité. Sous les régimes provisoires d'où nous nous dégageons à peine, l'adoration s'est toujours adressée à des êtres fictifs, qu'il fallait avant tout apprendre à connaître. Aussi l'exposition du dogme dût y précéder celle du culte. L'Humanité qui succède enfin à ses tuteurs fictifs, est toujours suffisamment connue dans sa constitution et dans ses produits. L'inversion qu'introduisit le Positivisme, en plaçant le culte avant le dogme, est par là pleinement justifiée.

Le domaine du culte étant le sentiment, le culte doit rester toujours prépondérant dans la constitution religieuse; aussi pour le public a-t-il toujours caractérisé la religion. Ses pratiques réagissent, en effet, sur nos pensées et nos actes; elles embrassent ainsi l'existence tout entière, dont le culte n'est, au fond, que l'idéalisation. A ce titre il confine à l'art, qui lui fournit un puissant concours.

Si le polythéisme et plus tard le monothéisme nous ont initiés à la vie subjective, en nous faisant vivre avec des êtres fictifs, le Positivisme, qui entretient avec les morts et les non-nés un commerce, pour ainsi dire, de tous les instants, devait consacrer une institution dont le passé a si largement usé. La vie subjective est en quelque sorte l'âme du culte.

Les vivants, dit le Maître, sont de plus en plus dominés par les morts. S'ils n'ont plus de volonté, c'est par les résultats d'une existence plus ou moins bien remplie qu'ils agissent sur nous. Nous pouvons donc leur accorder une vie subjective, dépourvue sans doute d'activité, mais où nous trouvons encore le sentiment et l'intelligence. Telle est leur existence, qui trouvera un siège dans chaque cerveau. Ainsi se réalise la fiction théologique des âmes sans corps. Chacun de nous peut s'assimiler les conceptions et les sentiments de tous ses semblables, s'identifier toujours avec eux et conserver les résultats acquis. L'âme absorbée subira toujours une idéalisation, qui consistera à ne conserver d'elle que les attributs assimilables. Elle participe à la perpétuité que lui assure la transmission successive dans les cerveaux qui la font revivre. Par cette sorte de résurrection, dit le Maître, l'immortalité qu'elle a acquise ne comporte alors d'autre limite générale que celle de la durée assignée au Grand Être, d'après l'ensemble de l'ordre qu'il résume.

Trois modes ou degrés caractérisent la vie subjective : « Le premier concerne les âmes, objectivement connues du cerveau qui les perpétue. Dans le second, l'incorporation est seulement fondée sur les résultats, sans aucune action personnelle avec les auteurs. Enfin le troisième fait vivre subjectivement des êtres qui n'ont point encore d'existence objective, » c'est-à-dire ceux qui sont encore à naître.

Ainsi vivent dans nos souvenirs, pour nous servir encore, ceux qui nous furent chers. A la tête de la sainte phalange des trépassés, pour nous aimer encore et continuer à nous offrir leurs services, nous plaçons : Homère, Aristote, saint

Paul, Dante, Descartes, etc., etc. La reconnaissance qu'ils
éveillent en nous nous disposera à préparer l'avenir pour
ceux qui viendront après nous.

Quand l'âme absorbée, s'est, comme ici, affranchie de
l'ordre extérieur, elle conserve encore l'image de l'être
incorporé. L'adoration devant être toujours concrète, elle
est de la sorte aidée par les images, sans lesquelles elle
serait réduite à l'intervention moins efficace des signes.
L'idéalisation de l'âme absorbée se trouve naturellement
favorisée par ce concours, qui se prête mieux à écarter
toutes les imperfections, pour ne conserver que les qualités.
La poésie a déjà répondu à toutes ces exigences par une
mémorable fiction où l'on s'abreuve d'abord au fleuve
d'oubli, puis à celui qui rend seulement le souvenir du
bien.

Préparé par l'institution de la vie subjective, le culte se
décompose en culte public et culte privé, suivant qu'il
s'adresse au Grand Être ou à sa meilleure personnification.
Le culte privé se divise à son tour en personnel et domestique.

Le culte personnel, base de notre amélioration intime,
se résume dans l'adoration du sexe affectif, d'après l'aptitude de la femme, chez qui prévaut la sympathie, à représenter l'Humanité. Toutes les affections doivent ici se
rallier autour du type prépondérant auquel se rattachent
d'autres types domestiques. C'est vers la mère que le fétichisme dirigea l'adoration primitive. Le Positivisme ne
peut que conserver une disposition consacrée par le temps.
Au type maternel s'adjoindront ceux de l'épouse et de la
fille. La vénération, l'attachement et la bonté recevront
ainsi une culture spéciale destinée à nous rappeler notre
dépendance à l'égard du passé, du présent et de l'avenir.
A l'âge de la maternité le type maternel est devenu ordi-

nairement subjectif, les deux autres restent le plus souvent objectifs. La sœur s'adjoindra à l'un des trois types, surtout quand il vient à manquer. Dans les cas extrêmes, dit l'incomparable novateur, on pourra chercher hors du domicile les types essentiels de l'adoration. On trouvera chacun d'eux parmi les protecteurs, spirituels ou temporels, qui se lient par les contacts les plus habituels à la vie intime. Le système d'adoration s'étendra subjectivement pour les prénoms, aux patrons théoriques ou pratiques sous l'invocation desquels, conformément à l'institution catholique, chacun dès la naissance se trouvera placé. Ce patronage, qui convient mieux encore à la sociocratie, permettra d'y comprendre tous nos ancêtres, même les plus éloignés. Quand les mœurs sociocratiques auront assez prévalu, chacun sentira qu'il peut assurer à ceux qu'il a aimés le moyen de vivre dans le souvenir des générations futures. Le culte intime fondé par l'adoration domestique pourvoira chacun de patrons subjectifs, véritables anges gardiens dont l'invocation assurera la rectitude de chaque existence.

L'exposition du culte personnel se complète par l'institution des pratiques journalières, qu'on peut encore qualifier de prières. En dépouillant cette expression de son caractère égoïste, le grand novateur la définit comme on l'a vu : une élévation de l'âme vers tout ce qui est digne d'être aimé. Elle se compose toujours d'une commémoration suivie d'effusion. Telles sont les deux parties normales de la prière. L'effusion est préparée naturellement par la commémoration. Celle-ci se décompose en deux phases : l'une commune à tous les jours de la semaine, l'autre qui doit rappeler ce que chaque jour présente de spécial, d'après les souvenirs qui s'y rattachent. C'est le positiviste lui-même qui compose sa prière. Elle devient ainsi une œuvre d'art où peuvent s'associer les sens et les formes pour éveiller et exprimer les sentiments.

Pour le positiviste comme pour le chrétien ou pour le musulman, la première heure de la journée est toujours consacrée à la prière. Cette première prière doit être prépondérante sur celle du milieu du jour et même sur celle qui clôt la journée à l'approche du sommeil. Ainsi constitué, le culte intime nous familiarise avec l'idéalisation de l'existence humaine, idéalisation qui ne peut qu'aider nos efforts pour bien faire et montrer le but vers lequel ils doivent toujours tendre.

Au culte personnel succède le culte domestique, qui devient collectif. C'est le chef de la famille qui invoque les principaux ancêtres, assisté de la mère. Chacune des phases de la vie domestique va recevoir une consécration systématique. La famille étant la base de toute association, elle doit subir l'influence de l'Église et aussi celle de la cité qui en règle les conditions légales. Le sacerdoce y fait prévaloir les prescriptions morales qu'exige la consécration religieuse des liens domestiques, tandis que le patriciat maintient une discipline légale, seule vraiment indispensable et pouvant dispenser de la consécration religieuse ceux qui ne craignent pas de braver l'opinion. Tel est le partage qui doit exister au sein de la famille entre l'autorité spirituelle et l'autorité temporelle.

L'institution des neuf sacrements sociaux permet à la religion de sanctifier toutes les phases de la vie privée en la liant à la vie publique sans méconnaître l'indépendance civique, garantie par les lois de la cité. Ces neuf sacrements, toujours facultatifs, que confère le sacerdoce, sont : 1° la *présentation*; 2° l'*initiation*; 3° l'*admission*; 4° la *destination*; 5° le *mariage*; 6° la *maturité*; 7° la *retraite*; 8° la *transformation*; 9° enfin l'*incorporation*.

L'uniformité de l'office féminin, dit le maître, et sa persistance doivent dispenser envers le sexe affectif, du sacrement qui précède le mariage et des deux qui le suivent, c'est-à-dire de la *destination*, de la *maturité* et de la *retraite*.

L'enfant est présenté par la famille au sacerdoce pour recevoir le sacrement initial, qui le consacre au service de l'Humanité. Un couple artificiel, ce sont les expressions du grand novateur, l'associe à la famille pour garantir la digne préparation physique et morale du jeune rejeton. Le couple artificiel doit, en cas de mort ou d'empêchement quelconque, suppléer la famille. C'est, comme on le voit, l'institution catholique, mais plus étendue.

A quatorze ans l'enfant passe des mains maternelles à celles du sacerdoce. Il reçoit le sacrement de l'initiation. Jusqu'ici il a été uniquement confié aux soins maternels et n'a reçu, à partir de l'âge de sept ans, dans sa famille, qu'une préparation esthétique, qui est venu compléter l'éducation, uniquement affective des premiers ans.

A vingt-un ans, si le jeune disciple de l'Humanité a subi convenablement l'initiation théorique, il reçoit le sacrement de l'admission, qui le met directement au service du Grand-Être, dont il a jusqu'ici tout reçu, sans pouvoir rien lui donner encore. Le quatrième sacrement, celui de la destination, confère à l'homme l'investiture religieuse de l'office auquel il s'est librement consacré, à l'issue des études abstraites. C'est à vingt-huit ans que ce sacrement lui est conféré. Sous les religions antérieures et surtout sous le catholicisme, ce sacrement ne fut réservé qu'aux plus hautes fonctions publiques, l'ordination des prêtres et le sacre des rois. Le Positivisme, placé à un point de vue plus élevé, l'étend à l'universalité des citoyens.

Le mariage est l'objet du cinquième sacrement. Une limite inférieure est tracée pour l'âge auquel s'accomplit l'union religieuse, vingt-huit ans pour l'homme et vingt-un ans pour la femme. Le positivisme complète l'institution du mariage en faisant librement prévaloir le veuvage éternel sans lequel la polygamie persiste subjectivement. C'est en suivant les diverses phases du développement conjugal qu'on peut mesurer l'étendue du progrès moral accompli dans la longue succession des siècles qui constitue notre passé. A la promiscuité primitive, nous voyons succéder la polygamie théocratique, puis la monogamie occidentale, avec les différentes phases grecque et romaine, et enfin catholique. La répudiation romaine s'efface devant l'indissolubilité que consacre le catholicisme et que le Positivisme étend aujourd'hui au-delà de la vie, en instituant une union éternelle. « Le sixième sacrement caractérise, à quarante-deux ans, la pleine maturité, personnelle et sociale du serviteur de l'Humanité. » Les fautes jusqu'alors réparables deviennent décisives et peuvent compromettre toute l'existence. C'est après avoir reçu ce sacrement que le sacerdoce est définitivement conféré à celui qu'un apprentissage antérieur en a jugé digne.

A soixante-trois ans, commence pour le serviteur actif de l'Humanité une retraite bien méritée. Il lui est conféré alors le sacrement qui l'érige en auxiliaire consultatif du sacerdoce. Tout chef industriel, en terminant sa carrière pratique, proclame son choix définitif du successeur à l'office qu'il remplit, et qu'il avait sept ans auparavant soumis au contrôle de l'opinion.

C'est par des paroles pleines d'une imposante dignité que le grand novateur institue le huitième sacrement, celui de la *transformation*. Il préside au passage d'une vie objective à la vie subjective, à laquelle le serviteur du Grand Être a dû aspirer jusqu'alors. « Mêlant les regrets civiques, dit l'incomparable Maître, aux larmes domestiques, le sacerdoce de l'Humanité représente l'existence prête à s'ouvrir comme le perfectionnement subjectif des services objectifs qui l'auront méritée. Quoiqu'il ne doive jamais anticiper sur le jugement final, il fera, sauf les cas exceptionnels, espérer une heureuse issue, moyennant un repentir sincère et les réparations possibles. »

Sept ans après la suprême consécration, quand toutefois la famille, ou la Cité le réclame, devant le cercueil, l'incorporation au Grand Être est solennellement consacrée, si le sujet a été jugé digne.

Tels sont les neuf sacrements au moyen desquels la sociocratie consacre les diverses phases d'une existence temporaire. La célébration du jugement définitif qui a été prononcé, consiste dans le transport des restes ainsi sanctifiés au bois sacré qui entoure le temple de l'Humanité. Une flétrissure est en outre infligée aux suicidés et aux duellistes dont les restes sont relégués alors au désert des réprouvés, parmi les suppliciés.

L'inauguration du culte public réclame l'institution d'un calendrier. Que peut être une date, sinon le moyen de distinguer chaque jour par le rang qu'il doit occuper dans la succession des temps écoulés depuis une ère adoptée? Comme dans la numération abstraite, il faut ici procéder en groupant les jours, sans employer plus de trois termes, pour éviter toute confusion. Le premier de ces groupements est fondé sur les propriétés subjectives du nombre sept. Le positivisme systématise de la sorte l'institution de la semaine, qui remonte jusqu'au fétichisme. Le nombre sept, comme on le sait, est de tous les nombres le plus grand dont on peut se faire une idée précise sans le secours d'un système quelconque de numérateur. C'est en me servant du langage consacré par le Maître, la succession de trois combinaisons, ou de deux progressions suivies d'une synthèse,

D'ingénieuses expériences sur les animaux ont montré qu'aussi bien que l'homme ils ne peuvent d'abord compter au-delà de trois. Aux propriétés fondamentales des trois premiers nombres il est facile de rattacher celles du nombre sept, d'après la décomposition indiquée. Les périodes numériques supérieures peuvent se rattacher à celles-là.

Nos ancêtres fétichistes instituèrent aussi une division supérieure du temps d'après les mouvements apparents de la lune et du soleil. Tantôt l'année s'est ainsi subordonnée au mois, tantôt le mois à l'année. La théocratie en instituant le temps moyen prépara la préférence des occidentaux pour le calendrier solaire. Les deux réformes Julienne et Grégorienne permettent de rattacher les fêtes du Grand Être aux principaux phénomènes naturels d'abord cosmologiques, puis biologiques. Le mois institué désormais aussi subjectivement que la semaine est désormais composé de quatre semaines et l'année partagée en treize mois. Un jour complémentaire, sans date déterminée, que celle de l'année, lui fut annexée et deux lorsque l'année est bissextile. On obtient ainsi la perpétuité de l'année positiviste.

Le culte positiviste doit consister dans l'adoration abstraite, qui résulte de l'institution du calendrier. « Nos descendants ouvriront l'année par la plus auguste des solennités, en adorant le Grand Être, dont ils se reconnaîtront les enfants et les serviteurs. » L'idéalisation des différents jours de la semaine donnera une idée suffisante des grandes fêtes qui s'accompliront sur tous les points du globe dans les temples de l'Humanité. Dans le treizième mois de l'année, le Positivisme consacre les deux dernières semaines à honorer deux types exceptionnels que nos mœurs contemporaines flétrissent aveuglément, sans pouvoir tenir compte des conditions exceptionnelles de leur développement, c'est le prolétariat contemplatif et le prolétariat passif (*Voir le tableau ci-joint*).

Quoique le sacerdoce positiviste se recrute surtout dans la masse populaire, il ne lui sera pas toujours possible de satisfaire les aspirations que l'éducation systématique fera naître au sein du peuple. Une classe malheureuse, quoique honnête, restera fluctuante au sein du prolétariat. Le Positivisme doit l'honorer en raison des services qu'elle pourra rendre au sacerdoce universel. Si elle sait accepter dignement sa position, elle ne restera pas sans utilité sociale.

Un second type, c'est celui du prolétariat passif. On comprendra l'existence de ce type, si l'on sait distinguer la fonction civique du travailleur de son office industriel. La première peut mériter d'être honorée lorsque la seconde, soit par négligence, soit par inaptitude, peut être à ce point délaissée, qu'elle compromette l'existence individuelle. Ce type fut admirablement idéalisé dans une des plus belles productions du grand romancier anglais. La mendicité constitue une regrettable infirmité de la nature humaine; même quand elle est devenue permanente, comme dans le cas cité, elle peut mériter d'être honorée. Le Moyen-Age l'accepta, la métaphysique moderne, incapable d'apprécier la destination sociale du prolétariat, la flétrit outrageusement. C'est sous le patronage de l'admirable fondateur des ordres mendiants que le Positivisme va placer aujourd'hui ce type exceptionnel.

Le jour complémentaire de l'année est consacré à la glorification universelle des morts. Son jour bissextile célèbre la fête des saintes femmes, qu'une sanctification personnelle recommande à la commune adoration. Le Positivisme leur affecte une chapelle dans son temple, sous la présidence de la noble victime d'un amour immérité, de celle dont la tombe est encore annuellement couverte de fleurs par la population parisienne.

Ce sont les morts dignes de survivre qui forment les principaux éléments du Grand Être. Les temples de l'Humanité ne sauraient être mieux placés qu'au milieu des tombes sacrées qui resteront l'objet des hommages domestiques et civiques. Le Positivisme s'inspirant du *Kebla* musulman, recommande de diriger le grand axe de ses temples, sous toutes les latitudes, vers la métropole humaine, devenue la capitale spirituelle des Occidentaux.

TABLEAU SOCIOLATRIQUE

RÉSUMANT EN 81 FÊTES ANNUELLES

L'adoration universelle de l'HUMANITÉ

LIENS FONDAMENTAUX	1er Mois. **L'Humanité**	1er Jour de l'année. Fête synthétique du Grand Être.	
		Fêtes hebdomadaires de l'Union sociale.	religieuse. historique. nationale. communale.
	2e Mois. **Le Mariage**	complet. chaste. inégal. subjectif.	
	3e Mois. **La Paternité**	complète	naturelle. artificielle.
		incomplète	spirituelle. temporelle.
	4e Mois. **La Filiation**	Mêmes subdivisions.	
	5e Mois. **La Fraternité**	Idem.	
	6e Mois. **La Domesticité**	permanente.	complète. incomplète.
		passagère.	Même subdivision.

ÉTATS PRÉPARATOIRES	7e Mois. **Le Fétichisme**	spontané	nomade (Fête des Animaux). sédentaire (Fête du Feu).
		systématique.	sacerdotal (Fête du Soleil). militaire (Fête du Fer).
		conservateur.	(Fête des Castes).
	8e Mois. **Le Polythéisme** (Salamine)	esthétique (Homère, Eschyle, Phidias).	
		intellectuel	théorique	Thalès, Pythagore, Aristote, Hippocrate, Archimède, Appolonius, Hipparque.
		social	Scipion, César, Trajan.
		théocratique	Abraham, Moïse, Salomon.
	9e Mois. **Le Monothéisme**	catholique	Saint Paul. Charlemagne. Alfred. Hildebrand. Godefroi. Saint Bernard.
		islamique (Lépante).	Mahomet.
		métaphysique	Dante. Descartes. Frédéric.

FONCTIONS NORMALES	10e Mois. **La Femme.** Providence morale.	mère. épouse. fille. sœur.	
	11e Mois. **Le Sacerdoce.** Providence intellectuelle.	incomplet.	(Fête de l'Art).
		préparatoire.	(Fête de la Science).
		définitif.	secondaire. principal (Fête des Vieillards).
	12e Mois. **Le Patriciat.** Providence matérielle.	banque (Fête des Chevaliers). commerce. fabrication. agriculture.	
	13e et dernier Mois. **Le Prolétariat.** Providence générale.	actif (Fête des Inventeurs : Gutenberg, Colomb, Vaucanson, Watt, Montgolfier). affectif. contemplatif. passif (Saint François d'Assise).	

(marges latérales :) Fête générale des Saintes Femmes. — Fête universelle des Morts. — Jour additionnel des années bissextiles. — Jour complémentaire. — JOURS EXCEPTIONNELS.

AUGUSTE COMTE.
(10, rue Monsieur-le-Prince).

Paris, le Gutenberg 65 lundi 4 août 1852.

X

Au culte succède naturellement le dogme. Nous n'avons
pas à revenir sur les motifs qui ont motivé l'inversion de
l'ordre de succession qui a prévalu jusqu'ici sous tous les
régimes antérieurs. Si l'intelligence répugne ordinairement aux efforts qu'exige une destination sociale, elle ne
reçoit pas moins de celle-ci une stimulation qu'elle ne
trouverait pas ailleurs. Vouée aussi à l'ordre, elle s'attache
à en établir les conditions, lorsque le sentiment a suffisamment développé en nous le besoin d'unité. Sous l'impulsion résultée du culte, le dogme reçoit une consécration
qui en préserve l'étude de tous les écarts auxquels l'esprit,
livré à lui-même, est si naturellement entraîné.

L'initiation théorique des jeunes disciples de l'Humanité
ne commencera que lorsqu'ils auront reçu dans la famille,
avec la pratique du culte privé, une préparation affective
et même esthétique, qui les préservera pendant tout le cours
de leur instruction des dangers moraux toujours inhérents
aux travaux de l'esprit. Dans ces conditions, les forces
cérébrales pourront se concentrer vers l'élaboration de
l'analyse objective, sans être détournées du but auquel
elles doivent tendre. Il consiste dans la consolidation d'une
synthèse essentiellement subjective, qui résulte de sa destination fondamentale : le service général de l'Humanité,
manifesté par le culte. Ainsi présentée, la science acquiert,
dit le Maître, une sainteté inconnue jusqu'alors, en conso-

lidant à la fois la liberté véritable et la vraie moralité.
La liberté peut-elle, en effet, résider ailleurs que dans les
devoirs acceptés, qu'une digne soumission à des fatalités,
souvent immodifiables, nous dispose à chérir.

Par sa nature, le dogme doit être abstrait ; il faut que
les lois qu'il institue présentent une entière généralité.
Notre conduite reste toujours flottante tant que nous
n'avons pas institué des règles sans exception. Tel est le
caractère que doit revêtir l'enseignement encyclopédique
auquel sera soumise toute une jeunesse. Il importe que
l'étude des événements soit toujours séparée de celle des
êtres où ils se manifestent. C'est à l'âge où commence
l'initiation théorique que la contemplation abstraite
commence à s'associer à la contemplation concrète. La vie
individuelle présente à cet égard les mêmes phases que
l'existence collective. Si les lois abstraites constituent le
domaine spécial de la science, l'art ne les invoque pas
moins, puisque nous n'agissons sur les corps que pour
modifier les phénomènes. L'ignorance dans laquelle nous
resterons toujours à l'égard des lois concrètes ne saurait
donc jamais offrir de graves inconvénients, vu qu'elle
n'empêche pas notre existence, tant pratique que théorique,
dit encore le Maître, d'acquérir une suffisante rationnalité.
Les limites dans lesquelles doit s'exercer notre activité se
trouvent, en effet, toujours fixées par la connaissance des
événements. Le novateur religieux peut donc s'écrier :
« Quels que soient les dangers de l'abstraction pour le cœur
et même pour l'esprit, elle doit être irrévocablement consacrée comme indispensable au service de l'Humanité.
L'absorption desséchante qu'elle détermine toujours et les
jugements chimériques qu'elle suscite souvent doivent
seulement nous faire mieux sentir combien il importe de
réduire la culture théorique à ses limites normales, au lieu

d'y voir l'idéal de notre perfectionnement. » C'est le Maître
de tous les savoirs qui nous tient ce raisonnement.

Nous avons déjà dit un mot de l'institution des milieux
subjectifs. Dans la pensée de l'auteur, ils sont destinés à
corriger la sécheresse des spéculations abstraites, en combinant les signes et les images, pour préparer l'intervention
du sentiment, d'où il semblait devoir être toujours exclu.
Nous verrons plus tard leur utilité pour l'institution de la
Synthèse subjective.

Après avoir indiqué le caractère abstrait que doit toujours
conserver le dogme, il importe de montrer les principes
universels sur lesquels il repose. Ces principes, pressentis
par Bacon, dit le Maître, se dégagent inductivement de l'ensemble de nos connaissances réelles, tant abstraites que
concrètes. Ils constituent ce que le philosophe anglais
désigne sous le nom vague de philosophie première. La
constitution de cette philosophie première est une des plus
importantes et des plus originales conceptions du grand
philosophe. Nous ne pouvons le suivre dans l'exposition des
quinze lois qui en font le sujet; nous nous contenterons
de donner ici le tableau que nous en avons dressé (*Voir*
page 119).

Nous avons vu la morale se séparer de la sociologie et
constituer un septième degré de la hiérarchie scientifique. Il
ne pouvait en être autrement, du moment que la nouvelle
élaboration nous plaçait au point de vue gouvernemental.
La science de l'homme devenait ainsi la science suprême
dont toutes les autres n'étaient plus que des prolégomènes.
« Il ne peut exister aucun phénomène appréciable qui ne
soit vraiment humain. » L'homme, comme l'avaient senti
les anciens, résume en lui toutes les lois du monde. Chacun
de ses attributs doit néanmoins être étudié dans les cas où
ils se manifestent dans leur plus grande simplicité. Ainsi

considérée, la science peut désormais recevoir une constitution essentiellement synthétique, conformément aux exigences de la méthode subjective, qui devient ici d'un emploi nécessaire. Une salutaire discipline peut s'introduire de la sorte dans tous les travaux théoriques, en corrigeant leur tendance à l'isolement.

Placée à ce point de vue, l'étude de l'homme se trouve subordonnée désormais à celle de l'Humanité, la Morale à la Sociologie, laquelle se subordonne à son tour à la Biologie, l'existence cérébrale tout entière reposant sur la vie organique qui lui fournit une base et des stimulants. De proche en proche, on établit la dépendance de la Biologie à la Chimie, qui nous initie à la connaissance des combinaisons matérielles, lesquelles dominent les combinaisons organiques. La Chimie est subordonnée à la Physique puisque les qualités spécifiques des diverses substances subissent les lois générales de la matière. Les phénomènes du milieu terrestre s'accomplissant sous leur dépendance céleste, la Physique se subordonne ainsi à l'Astronomie. Les lois que manifeste l'étude du ciel ne sauraient être étudiées que là où elles se présentent dans leur plus grande simplicité, où elles se dégagent de toute autre existence. Ainsi, l'Astronomie se subordonne-t-elle à l'étude des lois universelles du nombre, de l'étendue et du mouvement.

Tel est l'enchaînement d'après lequel la suprême étude, celle de l'homme social, résume toutes les théories vraiment positives. La hiérarchie que nous venons de présenter dans son ensemble d'après la méthode subjective, s'étend également aux êtres. On est ainsi conduit, dit le Maître, « à représenter l'homme comme le résumé normal et le régulateur spontané du milieu social, vital et matériel sous lequel il se développe. » Son activité va s'appliquer désormais à améliorer l'ordre qu'il subit, en faisant concourir

TABLEAU

DES

QUINZE GRANDES LOIS DE PHILOSOPHIE PREMIÈRE

OU

Principes universels sur lesquels repose le Dogme positif

Premier groupe, *autant objectif que subjectif*

1° Former l'hypothèse la plus simple et la plus sympathique que comporte l'ensemble des renseignements à représenter; (1)

2° Concevoir comme immuables les lois qui régissent les êtres d'après les événements; (2)

3° Les modifications quelconques de l'ordre universel sont bornées à l'intensité des phénomènes dont l'arrangement demeure inaltérable. (3)

Deuxième groupe, *essentiellement subjectif et surtout relatif à l'entendement*

Premier sous-groupe, *relatif à l'état statique de l'entendement*

1° Subordonner les constructions subjectives aux matériaux objectifs; (4)

2° Les images intérieures sont toujours moins vives et moins nettes que les impressions extérieures; (5)

3° Toute image normale doit être prépondérante sur celles que l'agitation cérébrale fait simultanément surgir. (6)

Deuxième sous-groupe, *relatif à l'essor dynamique de l'entendement*

1° Chaque entendement présente la succession de trois états: fictif, abstrait et positif, envers les conceptions quelconques, avec une vitesse proportionnée à la généralité des phénomènes correspondants; (7)

2° L'activité est d'abord conquérante, puis défensive et enfin industrielle; (8)

3° La sociabilité est d'abord domestique, puis civique, et enfin universelle, suivant la nature propre à chacun des trois instincts sympathiques. (9)

Troisième groupe, *essentiellement objectif*

Premier sous-groupe

1° Tout état statique ou dynamique tend à persister spontanément sans aucune altération, en résistant aux perturbations extérieures (KÉPLER); (10)

2° Un système quelconque maintient sa constitution active ou passive, quand ses éléments éprouvent des mutations simultanées, pourvu qu'elles soient exactement communes (GALILÉE); (11)

3° Il y a toujours équivalence entre la réaction et l'action, si l'intensité est mesurée conformément à la nature de chaque conflit (HUYGHENS, NEWTON). (12)

Deuxième sous-groupe

1° Subordonner toujours la théorie du mouvement à celle de l'existence, en concevant tout progrès comme le développement de l'ordre correspondant, dont les conditions quelconques régissent les mutations, qui constituent l'évolution; (13)

2° Tout classement positif doit procéder d'après la généralité croissante ou décroissante, tant subjective qu'objective; (14)

3° Tout intermédiaire doit être normalement subordonné aux deux extrêmes, dont il opère la liaison. (15)

AUGUSTE COMTE, *Politique Positive*, tome IV.

tous les efforts volontaires vers leur éternelle destination, que révèle à chaque instant la science suprême.

Par ces diverses considérations, le dogme acquiert définitivement la constitution synthétique. Sa constitution analytique s'en déduira, en traitant séparément chacun des sept degrés que vient d'instituer la méthode subjective.

Elle présente divers modes, mais l'échelle fondamentale n'offre pas moins une continuité nécessaire à l'instruction systématique, qui doit toujours commencer par les théories immédiatement accessibles, c'est-à-dire, comme nous l'avons dit, du nombre, de l'étendue et du mouvement. Le grand principe de l'immuabilité ne peut résulter que d'une façon tout inductive de chacun des sept sièges de la hiérarchie abstraite. Les lois concrètes, dont l'existence ne saurait être mise en doute, puisque l'existence des êtres se complique de celle des événements, bien que devant rester toujours inconnus, nous élèvent d'une manière toute déductive à la même notion. Pliés sciemment sous le poids de l'immuabilité, « le mot hasard, dit Auguste Comte, cesse d'indiquer pour nous l'empire du caprice et désigne seulement l'ensemble des lois inconnues, tandis que le *destin* résume celui des lois connues. » « Rien ne saurait donc, dit-il, dispenser la raison individuelle de s'initier à chacun des sept degrés généraux que présente la conception relative de l'ordre universel. »

Nous avons signalé les dangers moraux, qui sont la conséquence d'occupations exclusivement spéculatives, et aussi, le correctif que doit apporter la culture du sentiment par le culte, d'abord intime, puis domestique et public. Mais l'initiation théorique ne doit pas moins être soumise elle-même à une discipline sévère. Chaque catégorie de phénomènes, doit être considérée comme suffisamment étudiée, quand elle permet l'élaboration de la catégorie suivante sans compromettre la continuité. Telle est la règle qui devra toujours présider à l'initiation abstraite.

L'état spéculatif ne saurait devenir habituel comme il l'a été jusqu'ici sous le régime dispersif des spécialités. Sans les précautions ici recommandées, la culture théorique deviendrait souvent oiseuse et se perdrait en divagations interminables. On peut assurer que les grands théoriciens ont de tout temps pressenti la nécessité de la prépondérance des études morales. Privés de tout guide, leurs efforts ont pu parfois s'égarer, mais sans cesser de viser à la constitution d'une synthèse définitive d'où la connaissance de l'homme ne saurait être exclue.

Aux sept degrés de la hiérarchie abstraite doivent correspondre sept traités spéciaux. Pour terminer sa noble carrière, l'incomparable novateur s'était réservé les deux extrêmes. Le premier seul a été écrit. Placé désormais à un tout autre point de vue que celui qui convenait à la *Philosophie Positive*, il dût soumettre à une révision chacun des sept degrés de la hiérarchie abstraite. Qu'on ne perde pas de vue que son génie, toujours en progrès, n'a érigé la morale en science suprême que dans le cours de l'œuvre que nous analysons. Il est vrai que le traité de l'éducation, projeté dès le début de sa carrière, était dans sa pensée, destiné à aborder les plus hautes spéculations auxquelles pouvait donner lieu l'étude de l'homme, considéré dans sa double dépendance à l'égard de l'Humanité. Si l'art humain doit rester le but de toutes les sollicitudes du nouveau sacerdoce, il doit être précédée dans sa constitution de la science de l'homme, qui n'avait pu surgir encore assez distinctement. Tel devait être l'objet du dernier volume de l'encyclopédie théorique où la science confine directement avec l'art. L'ambiguité du mot de *morale*, qui s'applique aussi bien à la morale pratique qu'à la morale théorique, montre ici la convergence des buts. La supériorité à la fois logique et scientifique de la science finale sur toutes les autres ne saurait être douteuse. Après avoir institué les procédés déductifs en mathématiques et les divers procédés inductifs dans les cinq autres degrés de la hiérarchie encyclopédique, la méthode subjective trouve sa principale application en morale où elle constitue un septième degré de la logique humaine, servant en quelque sorte à compléter tous les autres.

Le plan du traité de morale théorique qui nous est resté et que nous donnons ci-joint, montrera, mieux que tout ce que nous pouvons en dire, l'étendue de la perte qu'une mort prématurée nous a infligée. Les trois premiers chapitres, comme on le voit, étaient destinés à établir les doctrines générales sur lesquels repose l'ensemble de la science morale. Le chapitre moyen concerne le corps, dont l'étude n'a pu être qu'ébauchée en biologie. « Les trois derniers chapitres, dit le grand novateur, seront directement voués à l'étude spéciale de l'âme, en établissant les lois générales de l'existence synthétique, d'abord affective, puis spéculative, enfin active. »

La doctrine de l'harmonie vitale, propre au chapitre moyen, se résume dans l'utopie féminine qui précise les rapports existant entre le physique et le moral. En donnant pour but à la vie de subordonner la personnalité à la sociabilité en vue de l'Humanité, l'utopie positive se présente à nous comme une limite idéale propre à résumer le perfectionnement humain. La femme, soustraite ainsi à toutes les souillures de l'animalité, nous apparaîtra comme condensant en sa personne tous les progrès que peut comporter notre indivisible nature.

La belle doctrine des rapports du physique et du moral se présente naturellement ici ; elle est trop importante dans l'œuvre du Maître pour que nous nous dispensions d'en présenter le résumé. Elle consiste au fond à établir la dépendance du corps à l'égard du cerveau et réciproquement. Cette réciprocité d'actions s'établit par les nerfs et les vaisseaux. C'est par les nerfs sensitifs et les vaisseaux que le corps stimule et entretient l'activité cérébrale, et c'est par les nerfs moteurs et nutritifs que le cerveau préside à tous les phénomènes de la vie organique. Les nerfs nutritifs, institués par Auguste Comte, et généralement admis aujourd'hui par le plus grand nombre des physiologistes, veillent en quelque sorte sous la stimulation directe de l'appareil nerveux central, à l'entretien du grand phénomène de la rénovation végétative, de cette chimie vivante qui, depuis Blainville, sert de caractéristique à la vie. Sans eux, on ne pourrait se rendre compte des phénomènes spéciaux ou généraux que présente notre vitalité fondamentale. La vieille physiologie a toujours considéré l'organisme comme actif dans la conservation de sa chaleur propre. L'introduction des nerfs nutritifs vient trancher la question pendante entre *vitalistes* et *organiciens*.

Comme aboutissant des nerfs sensitifs, il faut placer les ganglions sensitifs, en même nombre que nos divers sens, définitivement portés à huit. Ces ganglions, avons-nous dit déjà, sont en relation directe avec l'appareil contemplatif, sans autre rapport avec le reste du cerveau. Disposés dans l'ordre de leur apparition dans la série animale, ils sont au nombre de huit : un général, le *tact*. et sept spéciaux : la *musculation*, la *gustation*, la *calorition*, l'*olfaction*, l'*audition*, la *vision* et l'*électrition*. Au sens de la musculation, il faut réserver l'appréciation des efforts musculaires et de la fatigue consécutive. Aucune situation d'équilibre ne serait possible si l'animal ne pouvait percevoir la sensation que suscite la contraction.

La solidarité qui doit exister entre les diverses parties de l'appareil musculaire réclame une relation directe avec la région active du cerveau. Cette solidarité est entretenue par l'appareil rachidien. De nos trois sortes de mouvements : *excités*, *retenus* et *maintenus*, auxquels président les trois organes du courage, de la prudence et de la persévérance, le premier de ces organes est seul en rapport avec les nerfs moteurs.

La rénovation fondamentale qu'entretiennent les nerfs nutritifs, exige encore que ceux-ci soient placés sous la dépendance de l'organe cérébral, siège de l'instinct conservateur. Par les mêmes nerfs nutritifs, les deux organes sexuel et maternel doivent également être laissés en rapport avec l'appareil spermatique et avec celui des germes, dont ils entretiennent la vitalité.

Pour compléter ces aperçus sur les fonctions de l'innervation, il est nécessaire de considérer l'appareil rachidien, comme pourvu de cellules affectées, à l'impression sensitive, qu'il ne faudrait pas confondre avec la sensation, au mouvement ainsi qu'à la nutrition. A ces cellules aboutissent les nerfs sensitifs, moteurs et nutritifs. Les cellules sensitives sont en même nombre que les quatre sens du toucher. Les différentes cellules rachidiennes sont en relation directe avec les organes cérébraux dont nous venons de montrer la nature et qui, par elles, stimulent les fonctions qui en dépendent.

A l'appareil rachidien, il faut, pour se faire une exacte idée de l'harmonie qui est propre aux fonctions végétatives, rattacher un appareil de ralliement, connu sous le nom de Grand sympathique, dont les divers ganglions, pourvus également de cellules diverses, coordonnent et commandent plus spécialement tous les actes de la vie viscérale, sous la stimulation rachidienne et cérébrale.

Sous le nom d'action réflexe, il est certains phénomènes qui ont semblé échapper à l'empire du cerveau. Ils en dépendent cependant indirectement, puisque ces sortes d'actions cessent quand la stimulation cérébrale vient à leur manquer. Ces actions réflexes consistent en ce que toute impression sensitive, exercée sur un point quelconque de l'organisme, intérieur ou extérieur, détermine une contraction, et cela par une stimulation directe de l'appareil rachidien. Ce n'est qu'en cela que consiste encore l'action réflexe pour la plupart des physiologistes. Mais la solidarité des fonctions nutritives exige qu'elle soit étendue au-delà. L'impression sensitive, qui suscite une contraction, peut aussi modifier le phénomène de nature chimique de la rénovation fondamentale et en activer l'intensité. Réciproquement, toute modification survenue dans ce phénomène fondamental, donnant lieu à une modification de la sensibilité locale, peut à son tour susciter une contraction qui, le plus ordinairement, reste localisée, mais qui peut cependant se généraliser. C'est cette réciprocité d'action entre l'impression sensitive, la contraction et la nutrition, qui constitue ce que l'école physiologique a qualifiée sous ce nom très heureux d'*irritation*.

Pour compléter ces diverses considérations, il y a lieu d'admettre d'une manière générale, dit Auguste Comte, que la source de l'innervation est toujours volontaire, quoique les résultats puissent devenir involontaires quand ils sont assez habituels. La distinction introduite entre les mouvements, considérés comme volontaires ou involontaires, exige cependant que l'on tienne compte des actions réflexes, inconnue encore quand ces lignes ont été écrites. Ce sont ces actions réflexes qu'Auguste Comte qualifiait de contractions spontanées; quoiqu'il en soit, en dehors de ces actions réflexes on doit toujours admettre, que certains

mouvements primitivement volontaires sont devenus involontaires par l'effet de l'habitude. Les considérations sui-
vantes préciseront mieux la pensée à cet égard. Il suffit
d'observer les premières tentatives de l'enfant pour coordonner ses mouvements pour se convaincre que si tous les
mouvements, même ceux de nos viscères et aussi ceux de la
circulation vasculaire, restent toujours soustraits à l'empire
de la volonté, c'est que, vu l'inextricabilité des plexus nerveux, on ne peut rapporter chaque sensation à son siège,
ni percevoir la sensation musculaire consécutive à chaque
contraction. En admettant utopiquement que nos sensa-
tions acquièrent une délicatesse assez grande, sous l'action
continue d'une culture morale, qui a augmenté jusqu'ici
notre sensitilité native, il serait permis des upposer qu'une
foule de contractions qui s'accomplissent sous l'influence
de l'action réflexe, arrivent à obéir aussi à l'empire de la
volonté.

Cette longue digression, que je n'étendrai pas davantage,
peut nous servir à justifier l'hypothèse hardie du grand
novateur pour présenter, sous une image sans doute exagérée, les conditions de l'unité organique et couronner son
œuvre. Elle présente un résumé synthétique des perfectionnements auxquels peuvent prétendre l'art et la science, s'assis-
tant mutuellement. On comprend aussi que, placé directe-
tement sous la stimulation cérébrale qu'entretient l'organe
maternel, l'idée d'une évolution spontanée de l'ovule, n'ait
rien que la science la plus avancée ne puisse désormais
admettre. Chez la plupart des invertébrés, le fait d'une
procréation, sans fécondation préalable, est depuis longtemps connu. Il a été désigné sous le nom désormais consacré de parthénogénèse. Aujourd'hui de nombreux biologistes attribuent l'existence de certains produits, trouvés
dans les kystes de l'ovaire, à une évolution spontanée de

l'ovule, sans aucune fécondation préalable. Auguste Comte ignorait tous ces faits. Rien cependant ne nous autorise à croire que l'évolution spontanée de l'ovule puisse donner des produits complets. Mais, rien n'empêche néanmoins, d'admettre que la stimulation nerveuse ne puisse, chez l'être le plus élevé dans la série des êtres, remplacer, conformément à ce qui a été précédemment développé, la stimulation spermatique.

L'utopique conception, ainsi présentée, n'a rien qui soit en opposition avec les faits les mieux constatés. La grande question de la procréation des êtres a été, en ces derniers temps, de nouveau étudiée et les lumières sorties de cette récente étude ne sauraient infirmer, je le répète, l'hypothèse hardie du grand novateur et en amoindrir les conséquences. C'est par une belle théorie de la maladie que devait se terminer l'étude du corps, objet principal, avons-nous dit, du chapitre moyen du traité de morale théorique. Que peut être la maladie, pouvait se demander celui qui venait de montrer les conditions de l'unité de l'être humain, sinon l'absence de cette unité? Dans une série de lettres, dont j'ai été honoré au début de mes études médicales, cette belle théorie a été développée assez complètement pour nous faire sentir davantage l'étendue de la perte du volume, destiné à couronner une grande œuvre. Si l'institution de la géométrie générale et de son complément infinitésimal fut réservé aux deux plus grands philosophes du XVII⁰ siècle, devons-nous être surpris de voir la théorie de la maladie, corollaire naturel de celle de l'homme sain, de l'homme moral, sortir du puissant cerveau qui venait de fixer nos destinées et de nous mettre sur la voie d'un bonheur dont la santé restera toujours la meilleure caractéristique.

Considérée comme science suprême, la morale institue

une discipline à la fois directrice et répressive, où l'esprit concourt avec le cœur au maintien de l'unité. Jusqu'ici, nos spéculations quelconques ont manqué de base et de but. On peut, désormais, considérer toutes les doctrines développées antérieurement, comme les éléments nécessaires d'une science indivisible, la science de l'homme. Les grands problèmes qui s'y rattachent y trouvent une consécration qui permet de rejeter tout ce qui ne converge pas suffisamment vers le but final. La méthode subjective permet d'instituer l'unique lien qui peut rapprocher les six sciences préliminaires. Elle systématise à la fois la déduction réservée à la science fondamentale et les divers modes d'induction dégagés des cinq autres degrés de la hiérarchie abstraite. C'est ainsi que sera constituée une synthèse vraiment subjective, qui ne retiendra des diverses tentatives antérieures de synthèse objective que ce qui peut concourir à la consolider.

Ainsi constituée, la science suprême confine naturellement à l'art. L'éducation est, en effet, le premier des arts, celui qui perfectionne l'agent. Les arts spéciaux relatifs à l'ordre extérieur s'y rattachent directement. Tel devait être l'objet d'un traité annoncé dès les débuts de la carrière du grand philosophe et qui, sous le titre caractéristique de *Système d'industrie positive* ou *Traité de l'action de l'homme sur sa planète*, devait constituer sa dernière élaboration. « Le domaine industriel étant restreint, dit-il, à l'ordre extérieur, l'ordre humain n'y saurait entrer que comme source nécessaire des modifications systématiques. Les deux premiers chapitres devront donc instituer cette relation générale en expliquant l'un l'organisation spirituelle, l'autre l'économie temporelle de l'industrie positive. D'après cette double base, les cinq chapitres suivants caractériseront respectivement l'action mathématique, l'action astronomique, l'action physique, l'action chimique et l'action biologique, tant animale que végétale. » Tel devait être le précieux volume que la mort nous a ravi.

Dans un travail spécial, nous inspirant de la destination des deux chapitres d'un pareil traité, nous avons montré qu'une foule de questions relatives à la transmission des produits de l'industrie humaine, telle, par exemple, que la fameuse question du *libre-échange* et de la *protection*, ne pouvait recevoir de solution rigoureuse sans l'intervention d'un pouvoir spirituel, seul capable de contenir les conflits et de régler les rapports.

En faisant précéder d'une théorie de l'abstraction les quinze grandes lois qui dominent l'ordre universel et dont nous avons précédemment donné le tableau, et en les faisant suivre de l'exposé de la hiérarchie abstraite, on constitue, suivant le vœu de Bacon, une philosophie première. A cette philosophie première fait suite la philosophie seconde, composée des sept degrés de la hiérarchie abstraite. Une philosophie troisième succède à celle-ci. Nous venons d'en montrer la nature concrète et son objet final : l'action de l'homme sur sa planète. Si l'on consacre deux volumes, l'un à la philosophie première, l'autre à la philosophie troisième et sept aux divers degrés de la hiérarchie abstraite, le dogme positif tout entier pourra être condensé en dix volumes. La philosophie positive, conçue avec la plénitude sous laquelle nous venons de la présenter, forme une transition graduelle entre le domaine du sentiment que nous présente le culte et celui de l'activité, c'est-à-dire du régime, qu'il nous reste à analyser.

SYSTÈME
DE
MORALE POSITIVE

Deuxième partie

Traité de l'Éducation universelle

Paris (10, rue Monsieur-le-Prince), le dimanche 4 Homère 69 (1er février 1857).

PLAN DE MA *MORALE THÉORIQUE*

Instituant la CONNAISSANCE DE LA NATURE HUMAINE

INTRODUCTION

Philosophie première, Philosophie seconde, Morale théorique

CHAPITRE 1. — Théorie cérébrale. . . . . (Fonctions intérieures, fonctions extérieures, Innervation).
CHAPITRE 2. — Théorie du Grand-Être . . . . (Famille, Patrie, Humanité).
CHAPITRE 3. — Théorie de l'Unité . . . . (Union — Unité — Continuité).
CHAPITRE 4. — Théorie vitale. . . . . (Existence, santé, maladie).
CHAPITRE 5. — Théorie du sentiment . . . . (Personnalité, sociabilité, moralité).
CHAPITRE 6. — Théorie de l'intelligence. . . . . (Raison abstraite, raison concrète, harmonie mentale).
CHAPITRE 7. — Théorie de l'activité . . . . (Pratique, philosophique, poétique.)

CONCLUSION

Synthèse, Sympathie, Religion

(Copie conforme)

Signé : AUGUSTE COMTE.

SYNTHÈSE SUBJECTIVE

Tome III. — 1856

SYSTÈME
DE
MORALE POSITIVE
—
Deuxième partie
Traité de l'Éducation universelle

PLAN DE MA *MORALE PRATIQUE*

Instituant le PERFECTIONNEMENT de la NATURE HUMAINE

INTRODUCTION

CHAPITRE 1. — Éducation propre à la première Enfance (depuis la conception jusqu'à sept ans). (Sous le sacrement de la *Présentation*).

CHAPITRE 2. — Éducation propre à la seconde Enfance (de sept ans à quatorze). (Conduisant au sacrement de l'*Initiation*).

CHAPITRE 3. — Éducation propre à l'Adolescence (de quatorze ans à vingt et un). (Entre l'*Initiation* et l'*Admission*).

CHAPITRE 4. — Éducation propre à la Jeunesse (de vingt et un ans à vingt-huit). (Entre l'*Admission* et la *Destination*).

CHAPITRE 5. — Éducation propre à la Virilité (de vingt-huit ans à quarante-deux). (Entre la *Destination* et la *Maturité*).

CHAPITRE 6. — Éducation propre à la Maturité (de quarante-deux ans à soixante-trois). (Entre la *Maturité* et la *Retraite*).

CHAPITRE 7. — Éducation propre à la Retraite (de soixante-trois ans à la mort). (Entre la *Retraite* et la *Transformation*).

CONCLUSION

(Copie conforme)

Signé : AUGUSTE COMTE.

« Pour instituer la religion positive, dit Auguste Comte, la principale difficulté consiste à concilier la sympathie et la synthèse, respectivement développées par le culte et le dogme. Leur combinaison normale constitue la destination essentielle du régime, également dépendant de ces deux conditions. » On ne saurait mieux indiquer l'objet du régime, c'est-à-dire du but de l'activité humaine, ce que n'a jamais pu réaliser ni même aussi bien concevoir aucune des synthèses provisoires.

Dans une hypothèse où nous serions soustraits aux exigences de notre situation matérielle, le culte suffirait pour régler notre existence, dès lors vouée à l'affection. Nos spéculations se borneraient à l'étude des lois morales, qui se révéleraient dans la pratique du culte, et l'activité se consacrerait alors à des exercices esthétiques. Nos besoins matériels demandent un régime plus compliqué. La satisfaction de nos besoins, d'abord physiques, puis théoriques, se concilie difficilement avec une existence purement morale. Telles sont les difficultés qu'avaient à surmonter les religions du passé. Mais quand, dans l'état normal, le dogme et le régime se trouvent assez développés, ils peuvent concourir avec le culte à établir un état d'unité jusqu'ici vainement poursuivi, et qui peut désormais réaliser la plénitude d'existence de la situation hypothétique que nous avons supposée. L'action et la spéculation se consacrent ainsi entièrement à la culture du sentiment qu'elles doivent toujours assister. Dans l'état normal, que nous devons avoir toujours en vue, la participation du régime doit être jugée supérieure à celle du dogme, vu ses rapports plus directs avec le culte. Les préoccupations qu'exige l'essor théorique, tendent en effet, à faire négliger l'existence morale, tandis que l'activité dispose au contraire à la sympathie, en faisant sentir la nécessité d'un concours, duquel dépend l'unité finale.

L'activité devient ainsi le meilleur garant de cette unité, en combinant l'amour et la foi, c'est-à-dire le sentiment et l'intelligence qui, sans elle, dégénéreraient en affections mystiques, comme le Moyen-Age nous en a fourni tant d'exemples.

« Quoique la systématisation du régime doive surtout concerner la classe active, dit encore le Maître, et dépendre du sexe aimant, elle ne peut être fondée et maintenue que par le pouvoir théorique », d'où la nécessité de montrer d'abord la constitution que comporte le sacerdoce positif et son office fondamental qui consiste surtout dans l'éducation.

Le sacerdoce de l'Humanité se compose de prêtres, de vicaires et d'aspirants. C'est à quarante-deux ans que les vicaires sont élevés à la prêtrise. Ce n'est jamais avant trente-cinq ans que l'aspirant reçoit le sacrement, qui l'attache, à moins de déchéance, au sacerdoce. C'est dans la classe prolétaire que se recrutent les aspirants, mais pas avant l'âge de vingt-huit ans. Ils sont choisis parmi les sujets qui se sont le plus distingués dans le cours de l'initiation théorique. Il ne saurait, bien entendu, exister de classe sacerdotale. Le prêtre de l'Humanité doit être marié; il renonce à tout héritage; il vit d'une subvention publique. La prédication, le conseil, et surtout l'éducation, constituent sa principale fonction. Chargé de diriger l'opinion, dit le grand novateur, il fuit le commandement, afin de développer la puissance de la conviction et de la persuasion. Le sacerdoce tout entier reçoit l'impulsion du Grand-Prêtre de l'Humanité, qui déplace, suspend et même révoque sous sa seule responsabilité. Au sacerdoce de l'Humanité se rattachent toutes les fonctions qui dépendent de l'ordre spirituel, telles que la médecine, qu'exerça le prêtre théocratique. Les natures exceptionnelles, chez lesquelles le cœur et le caractère ne se trouvent point au niveau de l'esprit, peuvent néanmoins être annexées au sacerdoce, à titre de pensionnaires. Les purs savants, les artistes, qui, pour ces motifs, n'ont pu être élevés à la dignité sacerdotale, trouveront ainsi une existence assurée, qu'ils pourront, quand leur mérite sera suffisamment reconnu, consacrer au service de l'Humanité. Toujours très réduite, la corporation sacerdotale ne se composera ainsi que de sujets d'élite, sans se compliquer de natures incomplètes.

Le principal office du clergé positiviste, c'est, avons-nous dit, l'éducation. Envisagée comme préparation graduelle à la vie subjective, elle embrasse l'ensemble de l'existence. Mais l'éducation proprement dite suppose toujours un état de tutelle et ne saurait comprendre que les premiers âges de la vie. Ainsi considérée, elle comprend deux parties bien distinctes, l'une privée, l'autre publique. La dentition définitive divise en deux la première phase, de là résulte, dit le Maître, la subdivision totale de l'éducation proprement dite en trois parties septennales. Les deux premières phases s'accomplissent dans la famille, sous la surveillance et la direction maternelle. La phase inititiale est la plus décisive; la discipline maternelle y fonde la moralité; le reste de la vie peut rarement changer les résultats de cette première préparation. Alors s'accomplit l'irrévocable essor des instincts sympathiques. La mère est la providence naturelle de cet âge. L'intelligence n'y reçoit aucune culture spéciale. Essentiellement fétichique, elle se développe par l'observation des êtres, sans pouvoir s'élever encore à celle des phénomènes.

Pendant le second âge, les relations s'étendent déjà hors de la famille, seul être collectif d'abord appréciable. Les études esthétiques fondées sur les images fournies par le premier âge sont favorables à cette extension. L'enfant est alors initié en même temps aux connaissances historiques et à l'étude des langues. Toute cette préparation s'accomplit encore au sein de la famille, sous la surveillance et la direction maternelle, que le sacerdoce ne fait qu'assister de ses conseils. L'institution des milieux subjectifs, comme on le verra, aidera à l'essor de la poésie et maintiendra les dispositions fétichiques du premier âge, l'esprit tendant déjà à s'agrandir par la contemplation des phénomènes, qui prépare ainsi à l'initiation scientifique. La logique générale se complète par l'adjonction des signes aux images et aux sentiments.

Pendant la phase propre à l'initiation publique, la culture que va recevoir l'esprit ne doit en rien altérer celle qu'a déjà reçue le cœur. Il faut pour cela que l'étude essentiellement analytique du dogme, principal objet de cette initiation, soit instituée par le culte lui-même, qui maintiendra le point de vue sentimental, tout en développant les dispositions synthétiques. Ainsi instituée, la philosophie seconde, pendant sept années, procédera à la connaissance de la foi positive. Elle consacre en moyenne quarante leçons annuelles à chacune des sciences qui constituent la hiérarchie abstraite. C'est ainsi que l'édu-

cation publique peut développer l'amour par la foi. Le
noviciat systématique devant toujours tendre vers un pareil
but, c'est la morale qui en devient, pour ainsi dire, le
couronnement. Toutes les phases de l'initiation théorique,
avons-nous dit, en constituent une préparation graduelle.
Il n'y a qu'une science, a pu dire le grand philosophe, c'est
la science de l'homme et toutes les autres n'en sont que les
prolégomènes. Hors de là, tout n'est que vanité. « Loin de
développer la discussion, ajoute-t-il, l'instruction positive
systématise la soumission, base continue de l'action, à
laquelle nous sommes essentiellement destinés, pour améliorer notre situation et surtout notre nature. »

Après une telle initiation le sacerdoce de l'Humanité
peut systématiser l'existence, en développant l'unité, dont
tous les éléments ont été largement ébauchés pendant l'âge
préparatoire. L'utopique hypothèse, relative à la procréation humaine, se présente encore ici comme résumant
notre perfectionnement physique, intellectuel et surtout
moral. Sa destination devient encore plus manifeste, en
répondant au besoin de condensation qu'exige toute
synthèse, qui ne saurait jamais se passer d'une image
finale. Le catholicisme nous en présente un exemple
mémorable, dans le mystère eucharistique, où se condense
à la fois son culte, son dogme et son régime. Cependant
l'institution catholique restait presqu'exclusivement bornée
au sentiment, sans pouvoir embrasser suffisamment l'intelligence et l'activité, dont elle éluda les exigences. La
synthèse positiviste ne saurait comporter aucune compromission et doit représenter simultanément les divers aspects
de la nature humaine. On lira dans l'œuvre du Maître une
belle théorie de l'utopie, considérée d'une manière générale, et qui nous en montre l'utilité et la destination.
Mystère, sous tous les états préparatoires de l'espèce

humaine, l'utopie devient, sous la synthèse finale, une
véritable institution à la fois logique et dogmatique, qui
nous montre, en des conditions exagérées, les conditions
de tout grand problème.

L'ensemble des considérations que nous venons de
résumer bien succinctement, ont une importance qu'on ne
saurait méconnaître. Elles peuvent servir d'introduction à
l'examen direct du régime positif, dont nous devons maintenant continuer l'exposition.

Si les deux pouvoirs, théorique et pratique, doivent
toujours concourir à régler notre existence, c'est principalement au sacerdoce qu'appartient cette attribution. Fort
de la puissance que lui donne la direction de l'éducation,
il discipline les volontés en faisant appel au sentiment, puis
à la raison et enfin à l'opinion. Ce sont ses seuls moyens
d'action. Les autres sont exercées par le gouvernement,
qui dispose de la force préventive ou coercitive. L'action
matérielle, sans pouvoir jamais disparaître, diminuera
sans doute, à mesure que la civilisation développera la
puissance morale. La principale attribution du gouvernement, en dehors des cas de répression, doit surtout
consister à diriger l'activité, en renonçant à tout autre office.

Les trois modes, personnel, domestique et civique, de
l'existence humaine, comportent sans doute des règles
diverses, mais elles doivent être considérées comme les
degrés naturels d'une même discipline, ayant toujours en
vue le service général de l'Humanité. C'est dans une telle
homogénéité d'action, fait remarquer Auguste Comte, que
consiste la supériorité morale du Positivisme sur le Catholicisme, dont le dogme essentiellement égoïste ne pouvait
régler que l'existence personnelle. Si la santé, autant que
le bonheur, consiste dans l'unité, on conçoit que le Positivisme doive montrer une véritable aptitude, par ses

prescriptions, à régler l'existence individuelle. C'est en vain que la médecine moderne s'obstine à traiter isolément les perturbations morales et physiques, dont l'intimité ne peut être douteuse. Aussi, comme nous l'avons dit, l'office médical doit se fondre de plus en plus, par les effets de la civilisation, dans le service sacerdotal.

On doit considérer sous deux aspects différents toute réglementation de l'existence personnelle, l'un négatif, l'autre positif. Dans un cas, il faut comprimer l'égoïsme, dans l'autre développer l'altruisme. En recourant à la théorie cérébrale il devient facile de fournir une solution satisfaisante au premier mode de réglementation, qui soulève l'importante question de la purification, dont le Catholicisme n'entrevit qu'un des aspects.

Si l'on écarte l'instinct maternel, si peu développé chez le sexe actif, nos instincts inférieurs peuvent se répartir en trois couples. Le premier détermine les impulsions prépondérantes. Il se compose des instincts conservateur et sexuel. Les deux autres sont destinés à satisfaire ces deux premiers instincts, en agissant respectivement sur les choses et les personnes. Ce sont, d'un côté, les instincts destructeur et constructeur, d'un autre l'orgueil et la vanité.

Une unité égoïste semblerait donc possible par la prépondérance des deux instincts qui président à nos plus énergiques impulsions. Mais on en voit bientôt l'inanité, si l'on considère que ces deux instincts sont tour à tour prépondérants, ce qui rendrait par cela même fluctuante toute harmonie cérébrale.

La synthèse altruiste sanctifie l'instinct fondamental, dit Auguste Comte, en lui confiant, pour ainsi dire, l'administration générale de l'existence corporelle, sur laquelle repose la vie cérébrale. L'amour universel et l'instinct conservateur instituent le bonheur et la santé, ajoute-t-il.

d'après l'unité résultée de leur harmonie. Nous ne pouvons nous dispenser de signaler une admirable maxime d'une application qui devrait être de tous les instants. Toute règle alimentaire repose sur le concours naturel de deux motifs sociaux : l'obligation de ménager les provisions accumulées par le Grand-Être pour l'ensemble de ses serviteurs et le devoir de subordonner l'entretien du corps à la destination de l'âme.

La discipline de l'instinct sexuel, second élément du premier couple, est plus difficile à concevoir. Son office peut paraître équivoque quand on songe qu'il peut être considéré comme purement accessoire dans une existence personnelle. Mais résorbé ses produits communiquent à l'organisme masculin une suractivité, qui n'existe pas dans l'organisme féminin. C'est en le considérant à ce point de vue, que l'instinct sexuel peut se placer au service d'un office plus élevé. Un traitement révulsif plus efficace que les austérités catholiques, peut lui être affecté; car l'essor de l'existence domestique et de la vie publique. ne peut que développer les affections sympathiques et réprimer ainsi le plus perturbateur de nos instincts.

La discipline du couple moyen résulte du développement, par les progrès de la civilisation, de l'instinct constructeur au détriment de l'instinct destructeur, dont l'activité se réduit de plus en plus. C'est envers le couple supérieur de la personnalité, que la purification humaine doit présenter la principale difficulté puisque le régime final tend spécialement à développer partout l'orgueil et la vanité. Une surveillance continue et universelle, dit le Maître, pourra les restreindre au degré qu'exige leur office qu'il faut laisser, d'après l'éducation positive, exclusivement aux chefs temporels et spirituels, dont il altère le bonheur, quoiqu'il facilite leur fonction.

Voilà comment le régime altruiste complète et systématise la purification humaine, dont le catholicisme n'entrevit qu'un des côtés. Mais c'est dans le développement direct de l'altruisme que doit consister la systématisation du régime humain, le culte intime et les pratiques du culte public instituant et veillant à l'essor de nos mobiles sympathiques.

La discipline de l'existence individuelle doit s'étendre également à l'intelligence et à l'activité. Nous avons vu de quelles précautions il faut entourer l'initiation spéculative pour la préserver de la sécheresse. Quant à l'activité, elle trouve son stimulant et sa réglementation dans la vie publique.

Si la spéculation doit être subordonnée à l'action, conformément à nos antécédents romains, pour les mêmes raisons, la vie privée doit l'être aussi à la vie publique. Le génie grec méconnut la connexité de ces deux obligations, en voulant concilier la seconde condition avec la préférence accordée à la contemplation par la plupart des écoles philosophiques. Le catholicisme dédaigna à la fois l'activité et la spéculation, en exagérant les exigences du sentiment. La métaphysique moderne s'inspira des inconséquences du génie grec. Le développement industriel devait nous ramener à la situation normale, si bien préparée par la civilisation romaine.

Nous nous trouvons donc conduits à subordonner définitivement la vie privée à la vie publique, la constitution domestique à la vie civique, comme la spéculation à l'action, suivant le vœu de toute l'antiquité romaine, maintenu, fait remarquer le grand penseur, par la Chevalerie à travers le Catholicisme. Les charmes de la vie de famille ne sauraient reproduire un isolement, que l'état positif doit contenir.

Il faut assigner définitivement sept membres en moyenne à la famille prolétaire, qui se trouvera composée de trois éléments, représentant le présent, le passé et l'avenir. Cette constitution convient autant à la continuité qu'à la solidarité. Les deux premiers éléments, ou groupes familiaux, sont formés du couple fondamental et de son produit, ordinairement au nombre de trois. Un troisième groupe comprend les parents du mari. Sans l'adjonction de ce troisième groupe, la famille n'offrirait pas une suffisante harmonie avec la cité. L'élément féminin n'y manifesterait que le caractère moral du pouvoir spirituel; l'adjonction de la vieillesse, y introduit le caractère intellectuel. C'est comme représentant des deux sources du pouvoir religieux que la mère de l'époux devient, suivant l'expression du Maître, la déesse de la famille. L'unité domestique se trouve de la sorte définitivement constituée, sans qu'aucune rivalité intérieure puisse la troubler.

Les familles sacerdotales et patriciennes exigent de nouveaux éléments. Le service public se trouverait gravement compromis si les prêtres et les riches étaient obligés de suffire aux soins matériels de leur maison. L'adjonction d'un couple à la famille sacerdotale portera à dix le nombre de ses membres. Il faut doubler cette adjonction pour la famille patricienne, qui se composera au moins de treize personnes. Ce dernier chiffre n'est évidemment qu'un minimum. Le Positivisme mieux que le Catholicisme peut sanctifier la pauvreté, et la domesticité ne saurait présenter sous le régime nouveau un caractère dégradant, quand elle est librement acceptée. Les familles des serviteurs seront annexées à celles de leurs patrons, sans que la dignité commune puisse jamais en souffrir.

Pour bien fixer les idées sur la constitution domestique, le novateur donne encore la composition du domicile.

Malgré la profondeur des sympathies, fait-il remarquer, et l'identité de l'éducation, la diversité des âges et des situations empêcherait une suffisante harmonie, si le couple actif et le couple passif ne pouvaient à leur gré se séparer et se réunir, ainsi qu'écarter les contacts. On ne peut qu'admirer la sagesse de ces prescriptions. L'appartement normal du prolétaire, pour répondre à toutes les exigences matérielles et morales de la vie commune, se composera de sept pièces affectées à des offices divers. On ne sera pas surpris de voir le grand novateur lui accorder un salon ou lieu de réunion, pas plus qu'un oratoire, véritable sanctuaire affecté à la commune célébration du culte domestique.

Si nous descendons plus profondément dans la constitution de la famille, nous devons la considérer comme base d'action et comme source d'éducation, en la rattachant tantôt à la Patrie, tantôt à l'Humanité. Ces deux caractères doivent concourir, en subordonnant la famille à la cité et finalement à l'Humanité, dont elle subit l'influence continue. Les deux constitutions morales et politiques de l'économie domestique se rattachent à la nature même de l'influence qu'y exerce la femme, soit comme mère, soit comme épouse. Il faut, en effet, pour que cette constitution soit complète, que l'influence maternelle s'y prolonge assez et que l'éducation féminine soit mieux utilisée.

Si notre perfectionnement dépend de plus en plus de la consolidation du sentiment de vénération, on ne peut que sentir combien l'homme a besoin d'être assisté de la femme. En distinguant l'éducation de l'instruction, il faut reconnaître que, lorsque celle-ci est suffisamment accomplie, l'autre, conçue d'une manière générale et s'étendant à tous les actes de la vie, cesse communément aujourd'hui. Il ne saurait en être ainsi dans l'existence normale. La vie pratique à laquelle est consacré le jeune sujet, après l'initiation théorique, lui apprend à connaître la Patrie, dont il n'a pu jusqu'ici apprécier convenablement l'existence. C'est par son fils que la mère, de son côté, s'élève à la connaissance de la cité. Cette initiation à l'existence civique, qui reste imparfaite chez l'épouse, va devenir au contraire capitale et directe chez la mère. C'est elle, en effet, qui va lui permettre de préparer son produit aux devoirs de la vie publique et développer chez lui le sentiment de la vénération que l'influence conjugale ne saurait assez stimuler. C'est l'action maternelle qui lui fera sentir la nécessité de la soumission que commande toute relation un peu étendue. Ainsi considérée, l'existence de la famille se complète par l'adjonction du couple maternel au couple conjugal. Aucune rivalité entre les deux influences féminines, toujours si distinctes, ne peut donc troubler l'harmonie domestique, élevée de la sorte sur la double base morale et politique. L'influence de la mère, fait encore remarquer le grand novateur, nous ramène à la vie publique lorsque celle de l'épouse tend à trop nous enfermer dans la vie privée, dont elle ne peut encore assez apprécier la liaison normale avec la vie publique. La mère fournit de la sorte à notre maturité l'image de la Patrie après avoir offert à notre enfance celle de l'Humanité. Les rôles sont plus tard intervertis, lorsque, en moyenne, après son treizième septenaire, la mère a cessé de vivre. Elle est alors redevenue l'image subjective de l'Humanité, tandis que l'épouse va à son tour représenter la Patrie qu'elle peut alors assez sentir. La substitution de l'expression de *matrie* à celle de *patrie* se trouve de la sorte pleinement justifiée, l'influence maternelle se prêtant mieux que l'action paternelle à cimenter les rapports qui préparent et règlent l'existence civique.

A cette constitution de la famille se rattachent les garanties de durée et d'unité présentées précédemment par la

théorie qui en a été donnée. Le veuvage éternel, la surin-
tendance maternelle de l'éducation, l'alimentation de la
femme par l'homme, la libre suppression des dots et des
successions féminines, la faculté de tester et d'adopter pour
le chef de la famille, telles sont les multiples garanties qui
en assurent l'existence et le bonheur. Avec ces diverses
garanties, l'existence domestique peut puissamment seconder l'action civique et le dévouement religieux. Il faut que
ces diverses institutions, qui différencient le régime de
l'avenir de celui du passé, restent toujours volontaires.
Aussi le sacerdoce devra-t-il détourner le patriciat de toute
mesure légale à leur égard. Elles deviendraient, en effets
illusoires si elles cessaient d'être facultatives. Cependant,
ce même sacerdoce devra solliciter du patriciat quelques
mesures légales que recommandent certaines prescriptions
physiques. Ainsi la femme ne devra jamais être mariée
avant d'avoir accompli sa dix-neuvième année, sans exiger,
toutefois, la vingt-unième qui est celle des unions religieuses.

L'explication du régime civique exige la détermination
de la constitution matérielle du milieu social. On doit
d'abord circonscrire les nationalités, qui deviendront les
éléments politiques de l'avenir; ensuite, présenter la décomposition de chaque peuple en classes industrielles.

La formation des grands États occidentaux est la conséquence de la révolution moderne, qui relacha les liens qui
rapprochaient les membres de la famille occidentale. Ces
agrégations, provoquées par les besoins défensifs, se dis-
soudront naturellement quand une nouvelle foi aura prévalu. Chacune des futures républiques de l'Occident régénéré offrira, dit Auguste Comte, une population de un à
trois millions sur un territoire équivalent à celui de la
Belgique, de la Toscane, de la Hollande, de la Sicile, de
la Sardaigne, etc.

Ébauchée au Moyen-Age, avec la division des deux pouvoirs, une telle décomposition est la garantie de toute éducation morale en instituant un intermédiaire appréciable entre la famille et l'Humanité. La Patrie se trouve alors destinée à lier la plus intime et la plus vaste des associations.

Ainsi réduite, elle permet de mieux sentir les relations habituelles. A l'incorporation forcée qui résulta de la conquête romaine, le Moyen-Age substitua l'agrégation de populations, temporellement indépendantes, mais spirituellement liées.

Suivent maintenant quelques chiffres pour fixer approximativement les idées sur la répartition des populations urbaines et rurales; sur le nombre des chefs industriels comparativement à celui des travailleurs.

Pour bien apprécier le régime public, il faut d'abord tenir compte de l'assistance collective. Par la préparation domestique et le but qu'elle reçoit, la conduite privée prend désormais une destination sociale. La morale personnelle résumée dans le culte vient alors fortifier la morale civique. Cette réaction de la vie privée sur la vie publique convient surtout au sacerdoce qu'elle détourne des préoccupations trop personnelles et dont elle tempère la vanité par l'exercice du culte intime. La morale domestique, qu'il faut cependant distinguer de la morale privée, nous apprend à vivre au grand jour, en complétant la formule sacrée du Positivisme : Vivre pour autrui. Toujours nécessaire à la vie publique, soit pour encourager les résolutions, soit pour éviter les conflits, l'action sacerdotale trouvera toujours un appui dans chaque famille, chez les femmes et les vieillards.

L'ensemble des rapports domestiques, quand la communauté de foi aura permis l'institution des salons positivistes, permettra le développement d'une véritable opinion publique, destinée, sous la sanction sacerdotale, à régler les mœurs publiques. C'est ainsi que les femmes, qui président à toutes les réunions familiales, pourront participer indirectement au jugement des actes et des personnes sans jamais sortir de leur mission morale.

Une réaction directe et continue de l'existence domestique sur la vie civique est celle qui est relative à la procréation humaine. Le grand novateur s'élève ici à des considérations que nous ne pouvons nous dispenser de présenter. Elles ne pouvaient émaner que d'une grande âme, toujours placée en présence de la postérité.

Siège nécessaire de cette principale fonction, la famille est cependant impuissante à la régler, faute de notions et d'institutions convenables. Le vrai début, on peut dire, de l'éducation humaine, dit Auguste Comte, s'accomplissant dans une brutale ivresse, sans aucune responsabilité, il doit être, en effet, à craindre que notre sagesse ne parvienne jamais à la systématiser. Les moyens grossiers qu'on applique aux êtres inférieurs ne pourront jamais être étendus aux plus élevés. L'exaltation actuelle de la sexualité dans notre espèce ne peut être considérée comme normale, puisque nos plus anciens ancêtres restaient ordinairement insensibles à ces impulsions, hors des temps de rut, comme chez les animaux. C'est par de longues excitations que nos primitives compagnes éveillaient d'impérieux appétits. Tel fut le début de l'influence féminine qui, fait observer le Maître, malgré ses admirables perfectionnements, n'est point encore régénérée. Malgré la précocité d'une question aussi importante que celle que soulève ici la morale religieuse, théorique ou pratique, deux symptômes généraux annoncent sa prochaine élaboration. Le grand penseur fait ici allusion, d'une part, au sophisme malthusien, qui, méconnaissant la loi générale, dans l'ensemble des êtres vivants, rend la fécondité d'autant moindre que l'espèce est plus élevée et d'une autre l'accroissement continu de la population pendant les trente derniers siècles, coïncidant partout avec l'aisance générale.

L'Occident moderne a aussi repoussé les barbares procédés destinés à contenir le développement des vices héréditaires lesquels ne peuvent que l'aggraver par l'effet du temps et de vicieuses institutions. La plus grande difficulté que présente une question qui intéresse à la fois la constitution de la famille et celle de la cité, consiste à concilier deux besoins également impérieux : l'obligation de régler la procréation humaine et le devoir de respecter l'union, qui constitue la base domestique de l'existence civique.

Deux solutions générales se présentent ici : l'une radicale, mais hypothétique; l'autre réelle, mais souvent insuffisante. Elles consistent dans l'utopie féminine et le mariage chaste.

Quoique les lois de l'hérédité ne seront définitivement connues que si la procréation devenait essentiellement féminine; néanmoins, en analysant les conditions d'un tel problème, on peut en faire sortir des indications précises qui entoureront de certaines garanties l'acte par lequel commence, avons-nous dit, l'éducation humaine.

La chasteté conjugale, tel est le moyen que recommande le Positivisme pour nous purger de certaines tares. Une telle institution, outre son efficacité morale, peut produire, en effet, des résultats qui préserveront de la vie des êtres chez lesquels sa courte durée ne serait qu'un fardeau personnel et social. Une telle solution ne peut être sainement appréciée dans un milieu où les excitations sexuelles sont arrivées à l'état de maladie. Un digne usage de l'adoption viendra compléter toute chaste union en procurant la maternité la plus pure aux âmes exceptionnelles. Elle soulagera les couples les plus aptes à la procréation en multipliant et complétant les liens de famille.

Après ces diverses considérations, il faut maintenant montrer le but fondamental du régime civique.

Le caractère primitif de l'état industriel est nécessairement individuel. La théocratie, qui tenta prématurément d'organiser le travail, ne put jamais le dégager d'une telle origine. L'institution des castes lui laissa un caractère domestique, faute de pouvoir séparer les travailleurs des entrepreneurs. La seconde des conditions du développement industriel, la constitution d'une hiérarchie pratique, resta sans importance, faute de la première. Chez les peuples militaires, la coordination du travail fut toujours empêchée par la nécessité de subordonner l'industrie à la guerre. Mais la solution de cette importante question devait surgir au Moyen-Age, quand la transformation de la conquête en défense produisit la libération des travailleurs, d'abord urbains, puis ruraux. Les entrepreneurs devinrent de plus en plus distincts des travailleurs et tendirent à fonder un nouveau patriciat. Les deux conditions de l'organisation industrielle se trouvaient donc pressenties. Il faut aujourd'hui les systématiser.

L'activité militaire fut toujours synthétique et l'activité industrielle, au contraire, analytique. L'une se rattache à l'ordre humain et l'autre à l'ordre extérieur. Cette différence assure le caractère social de la première; mais l'existence industrielle doit finalement inaugurer un meilleur mode de sociabilité. Les rivalités de toutes les cités pendant l'âge militaire ne leur permettaient de s'organiser que pour la Patrie, tandis que le travail devra dans l'avenir se rapporter à l'Humanité et assigner à chacun un but qui peut ainsi devenir universel. Si j'ai précédemment établi, dit le Maître, que les théoriciens se trompent en cherchant une synthèse purement scientifique, le lecteur doit maintenant reconnaître que les praticiens ont également tort de vouloir une discipline exclusivement industrielle. Ni la foi, ni l'activité ne peuvent être systématisées sans l'amour. La vie pratique ne peut, comme l'existence théorique, attendre son institution définitive que du sentiment. Sans le concours de la religion, l'une dégénérerait en une vaine accumulation de produits, et l'autre, en un stérile recueil de notions. C'est en écartant la synthèse absolue que l'activité pacifique peut devenir collective, en substituant à son caractère primitivement égoïste une destination essentiellement altruiste.

L'isolement territorial, se combinant avec le protestantisme officiel et l'ascendant aristocratique, a pu, en Angleterre, donner un tout autre caractère à l'industrie nationale, mais on ne peut en méconnaître les dangers. Le communisme, qui a semblé en France remplir la condition d'universalité, ne pouvait avoir qu'un crédit éphémère. Cette dernière aberration est cependant plus respectable que la précédente, en raison de son caractère social; mais le Positivisme ne peut hésiter à la considérer comme plus dangereuse. Elles doivent être l'une et l'autre rectifiées. L'une transporte au prolétariat universel la domination oppressive que l'autre veut faire prévaloir chez un peuple exceptionnel. C'est en dehors de ces deux aberrations qu'il faut chercher l'organisation du travail humain en le rapportant à l'ensemble de notre espèce sans aucune prédilection exclusive.

Voilà comment la vie pratique se trouve instituée par la religion de l'Humanité, qui la subordonne à la synthèse sympathique dont l'universelle prépondérance a déjà coordonné l'existence théorique. C'est toujours l'avenir plutôt que le présent que doit viser l'essor industriel pour perdre définitivement son caractère égoïste. L'incessante reproduction de nos trésors matériels, fait remarquer le Maître, devient ainsi partout la source normale d'un essor sympathique que les inépuisables richesses de l'intelligence ne sauraient jamais suffisamment entretenir.

Il importe maintenant de montrer quelles conditions morales et politiques exige le service continu de l'Humanité.

C'est au sacerdoce, assisté des femmes et des vieillards, à faire prévaloir chez les ministres et agents du Grand-Être, c'est-à-dire chez le patriciat et le prolétariat, les sentiments et les habitudes propres à consolider et à développer l'harmonie sociale.

Le service de l'Humanité, fait remarquer le grand novateur, que nous suivons pas à pas, repose sur deux dispositions connexes : le dévouement des forts aux faibles ; la vénération des faibles pour les forts. Si la seconde condition a dû jusqu'ici prévaloir, c'est aujourd'hui à ceux à qui se trouve conférée la direction matérielle, à donner l'exemple du dévouement.

Le régime positif doit, en effet, développer le dévouement et la vénération. Le sacerdoce de l'Humanité, après cette double préparation, pourra facilement ramener les ministres et les agents du Grand-Être aux sentiments et aux devoirs qu'exige leur mutuel office. L'action sacerdotale s'étendra, en ce qui concerne les chefs, à la répression de tout mauvais emploi des capitaux humains et à réfréner, par un appel à l'opinion, les travers ou les vices qui peuvent en résulter. Si l'ambition est nécessaire à l'exercice de la fonction directrice, elle doit être contenue chez les prolétaires, dont elle peut compromettre le bonheur. Pour commander avec efficacité, les patrons ont besoin de concentrer la richesse et l'autorité sous leur responsabilité.

L'éducation et l'initiation théorique inspireront aux prolétaires le respect que doit toujours mériter une concentration de pouvoirs et de richesses qui, en améliorant les sentiments des chefs pratiques, doit concourir à leur assurer les meilleures conditions d'existence matérielle. L'intervention sacerdotale, en ces conditions, pourra toujours prévenir les conflits avant qu'ils éclatent, en faisant appel aux meilleurs sentiments et finalement à l'opinion.

Les abus propres au patriciat pourront d'ailleurs être réprimés par l'institution chevaleresque, que réhabilite aujourd'hui le Positivisme, qui sait accepter du passé tout ce qui peut être conservé. Constituée par un noyau central formé de patriciens veufs, voués à cet office, sans cesser de participer à la vie pratique, la nouvelle Chevalerie instituera un protectorat volontaire dont l'action s'étendra aux biens et aux personnes. Autour de ce noyau de ralliement, avant l'âge de la retraite, se grouperont ceux qui, pourvus d'une suffisante fortune, aspirent à faire partie de la corporation protectrice. La Chevalerie centrale, dit le Maître, trouvera naturellement un second appui parmi les vieillards issus du prolétariat. Elle pourra même se compléter par la filiation des meilleurs prolétaires, dont le dévouement et l'énergie compenseront la pauvreté.

Le but et les conditions de l'activité collective étant suffisamment caractérisés, il nous reste à déterminer les fonctions propres aux directeurs et agents de l'industrie régénérée.

Au patriciat, providence matérielle, l'action ; mais principalement l'action nutritive. L'accroissement proportionnel des instruments de travail, qui forment à la longue une notable partie du capital humain, n'influe que faiblement sur les dépenses habituelles. Celles-ci sont les plus considérables et c'est à elles qu'il faut avant tout pour-

voir. Il y a lieu de distinguer deux cas, suivant qu'elles
sont publiques ou privées. Les premières concernent
l'action générale propre au gouvernement, tant spirituel
que temporel. Les secondes sont relatives à l'existence des
familles, qui doit être l'objet de la principale sollicitude du
patriciat.

L'existence matérielle du prolétariat doit reposer, autant
que celle des patriciens, sur une liaison spéciale au siège
planétaire de l'Humanité. Sans une telle base, les opérations
quelconques manqueraient de consistance et la continuité
se trouverait compromise, et même la solidarité resterait
incomplète. Ce sont bien des raisons, comme on le voit,
pour que le prolétaire possède son domicile. Nous en avons
donné la composition. A la campagne, il aura sa maison
entourée de ses dépendances; en ville, ainsi que cela se
pratique depuis longtemps en certaines localités, en Italie
par exemple, la maison, ordinairement de trois étages, sera
habitée par trois familles qui en auront la propriété. L'institution urbaine du domicile populaire comporte une
réaction religieuse que l'état normal doit beaucoup développer. Chacun rattachera ainsi tout le passé et l'avenir de
la famille à l'appartement dans lequel il naquit.

La famille prolétaire vit d'un salaire quotidien qu'il
importe de fixer. Ce salaire, assuré par la sollicitude patricienne, se décompose en deux parties inégales : l'un fixe
pour chaque corporation, quel que soit son office ; l'autre
proportionnelle au produit de l'exploitation à laquelle il
est attaché. Les dépenses relatives au loyer ne sont point
à supporter, puisque le domicile appartient à la famille.
C'est à neuf francs par jour, d'après le calcul fait par le
grand novateur, que s'élèvera à peu près la totalité du
salaire.

La gratuité du travail, avons-nous dit, devient sous le

régime de l'avenir un véritable principe, qui reçoit sa consécration dans ces mémorables paroles, qu'on ne saurait trop méditer : « Tout paiement consistant en un échange, où chacun doit recevoir plus qu'il ne donne, son application est exclusivement matérielle, sans pouvoir jamais s'étendre à l'action humaine, qui ne comporte d'autre équivalent qu'une juste réciprocité. Dans l'état normal, les agents du Grand-Être possèdent leurs salaires au même titre que ses interprètes leurs traitements et ses ministres leurs revenus, c'est-à-dire comme conditions d'existence et moyen d'agir, mais non comme prix du travail. Quant à l'obligation de servir, elle est commune à tous, sans comporter d'autres diversités que celles du mode plus ou moins général et direct, dont la valeur ne saurait en aucun cas être estimé en argent. »

Les frais généraux de la nutrition humaine, qui concerne le gouvernement, soit spirituel, soit temporel, émanent du trésor public et non des sources privées. Tout patricien exerçant un pouvoir local, doit pourvoir directement au bon fonctionnement, par ses ressources, de la chose publique. Chacune des petites républiques sociocratiques exige un gouvernement proprement dit, c'est-à-dire un pouvoir central, qui est exercé par un triumvirat constitué au moyen de trois banquiers, choisis parmi ceux qui s'occupent spécialement des affaires commerciales, manufacturières et agricoles. Le gouvernement ainsi constitué sera toujours gratuit.

Le sacerdoce de l'Humanité, comme le prolétariat, vit d'un subside qui, longtemps émané de cotisations volontaires, exige finalement un service officiel. Il est inutile de s'étendre davantage sur les détails d'une telle organisation.

C'est dans le milieu prolétaire, tant que le salaire reste assuré, que l'homme peut le plus s'occuper de son perfectionnement. C'est là qu'il trouve le bonheur dans l'exercice réglé de toutes les facultés qui méritent d'être cultivées. Le triomphe de l'altruisme sur l'égoïsme sera toujours plus facile en un tel milieu; l'existence domestique s'y trouve liée à l'existence physique, par l'activité la plus conforme à notre nature. L'orgueil et la vanité, qui ne peuvent y trouver une destination sociale, y seront traités comme des infirmités, qui ne peuvent que troubler l'existence domestique. Le prolétaire, consacré à un office spécial, ne sentira pas moins que la suspension de celui-ci pourrait bientôt compromettre toute économie publique. Il réservera cette ressource extrême pour les cas de violation grave et prolongée de l'ordre social. Il renoncera ainsi à recourir à la violence, dont il sera d'ailleurs détourné par le concours qu'il trouvera dans le sacerdoce en pareil cas.

En sanctifiant la pauvreté, le Positivisme ne saurait rejeter de son sein ceux qui, par leur nature, négligeraient leur fonction spéciale, sans pourtant négliger leur office public. Nous avons dit quels services ont peut attendre de cette classe de malheureux, pour exercer un contrôle social. Elle méritera à ce titre tous les égards des citoyens et du sacerdoce lui-même, qui pourra souvent obtenir d'elle de précieux renseignements.

Bien que le milieu prolétaire ne comporte aucune hiérarchie, il s'y développera cependant une certaine élite, dont les services sont très appréciables. Depuis l'abolition de l'esclavage, dit Auguste Comte, l'emploi des machines a permis de puiser en dehors des forces matérielles, que l'homme doit cesser de fournir. Les machines, fait remarquer l'incomparable penseur, remplissent envers les arts un office équivalent à celui des méthodes pour les sciences. Sans rien produire directement, les unes et les autres deviennent les principaux moyens de productions intellectuelles et matérielles. La construction des instruments de travail suscite une industrie spéciale, naturellement liée à toutes les branches industrielles, commerciales et agricoles. L'ascendant fraternel que prendront les mécaniciens dans le prolétariat pourra le préserver de toutes les divagations qui peuvent naître de la spécialité des offices. L'institution de cette corporation a coïncidé, sans rien de fortuit, avec l'institution des banquiers, dont l'action s'étend également à tous les genres d'industrie. Une commune généralité de vue ne peut manquer de rapprocher les directeurs suprêmes, en me servant du langage du Maître, des suprêmes opérateurs. Les deux extrémités du prolétariat se distingueront d'une part par les plus généraux des praticiens, de l'autre par ceux qui négligeant leur office spécial, ne restent pas moins dignes de la commune bienveillance, qui sait utiliser leurs aptitudes sans les repousser de la communion civique et religieuse. Les infirmités morales, quand elles ne donnent pas lieu à des divergences coupables, devront être respectées autant que les infirmités physiques. Tous ceux qu'on flétrit aujourd'hui sous le nom de mendiants chez les pauvres, peuvent devenir aussi précieux que ceux qu'on qualifie d'oisif parmi les riches. La généralité des vues et la générosité des sentiments, constituant dans la religion positive les meilleurs titres à l'estime personnelle, les plus actifs et les plus passifs d'entre les plébéiens pourront dignement fraterniser, malgré la discordance des caractères. Qui ne se sent touché par ces nobles sentiments, où l'extrême bonté s'associe à la plus profonde équité.

Il me reste, dit toujours le Maître, à passer des relations civiques aux rapports universels, afin d'apprécier comment les diverses sociocraties partielles du globe régénéré, composent la République universelle, d'après un concours toujours libre. Quoique l'ensemble de la famille humaine, ajoute-t-il, n'exige et ne comporte qu'un gouvernement spirituel, sans aucun mélange d'empire temporel, son unité sympathique serait impossible si les influences pratiques n'y secondaient les influences théoriques.

Malgré le caractère pacifique de l'activité, l'égoïsme collectif tendrait à se reproduire, en substituant au dehors le monopole à la conquête, comme en instituant au dedans le despostisme de la richesse ou du nombre. Malgré l'assistance du sacerdoce pour éloigner les motifs de conflits ou d'exploitation, l'intervention du suprême patriciat, c'est-à-dire des banquiers et du prolétariat, ne devra pas moins être invoquée en pareil cas. Les dispositions au monopole sont toujours propres aux entrepreneurs, commerciaux ou manufacturiers, tandis que les banquiers s'en trouvent ordinairement préservés par l'étendue de leurs opérations et le prolétariat d'après son universelle homogénéité. Ce concours des banquiers et du prolétariat permettra au Pontife universel, par ses organes nutritifs, de maintenir la concorde terrestre.

Aux partisans aveugles de certains sophismes économiques nous citerons encore de mémorables paroles : « La réaction pratique de l'Église sur la cité devra perfectionner l'harmonie universelle en dirigeant l'activité locale vers sa meilleure application. L'essor continu de la sociocratie générale déterminera bientôt la véritable aptitude de chaque pays, envers les branches spéciales de l'agriculture ou de la fabrication. Alors les banquiers, systématiquement éclairés par le sacerdoce et spontanément assistés par les mécaniciens, leurs auxiliaires habituels, pourront dignement conduire l'ensemble de la reproduction, en évitant les efforts vicieux et les doubles emplois, pour faire partout prévaloir l'office convenable. » Nous recommandons aux économistes et surtout aux libre-échangistes, ces dernières considérations, dont, nous l'espérons, la portée ne leur échappera pas.

Le Positivisme manquerait à sa mission d'amour, s'il négligeait de fixer nos rapports avec nos auxiliaires animaux. Ils réclament sa protection, comme tout ce qui est digne d'intérêt. Le Grand-Être, dans sa maturité, doit améliorer le sort des êtres qu'il s'associa dans son enfance. Toutes les espèces nuisibles ou ennemies de ses auxiliaires doivent disparaître par une inexorable fatalité. Parmi les races disciplinables, il doit distinguer les laboratoires de sa nutrition, des auxiliaires actifs. Puisque nous sommes condamnés à subir la loi nécessaire de l'alimentation animale, nous devons protéger ses victimes autant que le permettent nos besoins. Le noble cœur du grand novateur nous indique nos devoirs envers eux. Jusqu'au moment fatal, nous dit-il, une active sympathie doit s'efforcer, en améliorant leur situation matérielle et morale, de leur faire oublier la sinistre perspective annoncée par leurs prédécesseurs. Relativement à nos auxiliaires, la sympathie humaine peut et doit suivre un meilleur cours, en perfectionnant non seulement leur situation, mais surtout leur nature physique, intellectuelle et morale, d'après le développement de la vraie fraternité. L'industrie occidentale a déjà fait respecter l'emploi barbare de l'homme comme poids ou moteur. Mais le progrès à cet égard reste souvent imparfait, en se bornant à substituer les animaux à l'homme. Toute automatique destination, dit encore l'incomparable Maître dans son inépuisable bonté, doit être autant abandonnée, quant aux animaux qu'envers l'homme, comme aussi contraire à l'économie qu'à la moralité. Pourrons-nous un jour assez utiliser le cœur et l'esprit de nos auxiliaires pour leur confier dans certaines limites la

surveillance de nos forces matérielles ? Toutes les classes
de l'Humanité régénérée doivent concourir à ce perfectionnement, sous la commune inspiration du sexe aimant.
Ce que le sacerdoce peut espérer, d'après une meilleure
étude de l'animalité, le prolétariat directeur de l'alliance
animale le réalisera en faisant prévaloir de dignes sympathies à l'égard de nos frères inférieurs. Les deux classes
extrêmes de la sociocratie s'associeront pour perfectionner
par la théorie et la pratique l'âme et le corps des races déjà
disciplinées, comme à développer une association qui n'a
pu faire aucun pas depuis le fétichisme.

Pour compléter l'unité sympathique, il faut l'étendre au
domaine inorganique, envers lequel nous devons toujours
subordonner la destruction à la construction, en n'oubliant
jamais que même là, tout caprice est immoral. Une
connaissance familière de la nature humaine fera partout
sentir que le mépris et l'oppression peuvent constamment
s'étendre de la matière au corps et finalement à l'âme.

De plus nobles enseignements sont-ils jamais sortis d'un
cœur humain?

Conformément à l'annonce initiale du mémorable
chapitre que nous venons d'analyser et presque de reproduire, on voit combien le régime est apte à combiner
pleinement la sympathie et la synthèse, respectivement
instituées par le culte et le dogme.

A la fondation philosophique, nous avons vu succéder l'institution religieuse. Une mort prématurée aurait pu seule contenir le développement de ce que l'œuvre philosophique contenait en germe. La religion instituée, il ne restait qu'à systématiser les conditions de son avènement ; c'est au grand novateur qu'était encore réservé cet office. Plus intellectuelle que sociale, on peut dire que la révolution touche à sa fin, du moment qu'une doctrine organique permet d'embrasser l'ensemble des affaires terrestres. Déduisant l'avenir du passé, une telle doctrine se montre seule apte à diriger le présent et à montrer sa destination. Elle aura à triompher de l'anarchie contemporaine, qui perpétue l'interrègne spirituel, dont souffre l'Occident tout entier depuis la rupture de la vieille discipline catholique.

Toutes les phases de notre initiation collective se retrouvent encore de nos jours parmi les populations humaines. Il s'agit de les amener progressivement à l'état où est arrivée l'élite de notre espèce. Dans les phases successives qu'a parcourues l'Humanité, on peut dire qu'elle a toujours poursuivi un même but : l'association universelle. C'est ce qu'entreprit le fétichisme, lorsqu'il s'éleva à l'état astrolatrique ; c'est ce que tenta à son tour la théocratie. Le polythéisme militaire y tendit indirectement par la conquête. Le monothéisme défensif ou catholique y aspira ouvertement. Malgré l'avortement de ces deux dernières tentatives, l'association universelle n'est pas moins restée l'espérance de toutes les populations humaines et le but poursuivi par elles. Il y a lieu, toutefois, de les différencier, suivant qu'elles l'attendent passivement ou qu'elles la poursuivent activement.

Depuis la conquête romaine, on peut dire que la présidence humaine est irrévocablement conférée à l'Occident. C'était donc à l'Occident émancipé qu'était réservée l'élaboration directe d'une solution réclamée par tous. Il ne doit un tel privilège qu'à la triple préparation, d'abord spéculative, puis active et enfin effective qu'il reçut du passé et qui s'est complétée, dans les cinq derniers siècles, par l'élaboration de la solution universelle, impossible partout ailleurs. La mission aujourd'hui assignée aux Occidentaux ne saurait être méconnue; c'est à eux à faire prévaloir désormais les mœurs et les opinions qu'exige la présidence qui lui est dévolue. Réduit à dissoudre l'ordre ancien pour préparer les éléments d'un ordre nouveau, l'Occident tout entier fût ainsi voué à une anarchie progressive où la doctrine régénératrice rencontre de nos jours les plus sérieux obstacles à son avènement. Les doctrines révolutionnaires se tournent désormais contre leur primitive destination, en s'opposant, après avoir dissout l'ordre ancien, à toute reconstitution.

Désormais constituée par les efforts communs, la doctrine nouvelle se trouve condamnée à régénérer le noyau qui l'a préparée, et cela au milieu de la plus profonde anarchie. Son extension totale à l'ensemble de la planète se trouve ainsi subordonnée à cette régénération préalable où consiste la plus grande difficulté de la situation. Ne reconnaître d'autre autorité que la raison individuelle, surtout envers les plus importantes questions, telle est la disposition commune à l'ensemble des Occidentaux. Si l'on exige des conditions de compétence pour les moindres questions que soulève la philosophie naturelle, on croit pouvoir s'en affranchir envers le domaine supérieur social et moral. Or, une doctrine universelle peut seule dégager la raison occidentale, fait remarquer le grand novateur, d'une situation aussi contradictoire. La nature et la difficulté de la transition finale, ajoute-t-il, étant ainsi caractérisées, il importe qu'elle soit systématiquement dirigée, d'abord en Occident, d'où procédera son extension universelle. Il y a lieu ici de distinguer une telle opération, suivant qu'elle s'applique au peuple central ou aux nationalités voisines.

C'est en 1854 qu'a été publié le volume qui fonde définitivement la religion de l'Humanité; c'est dans ce même volume que le grand novateur institue les moyens qui lui paraissent propres à en diriger l'installation. Une dictature venait, depuis peu, de prévaloir en France; elle pouvait alors certes légitimer toutes les espérances; malgré la déviation impériale, elle n'avait encore, à cette époque, rien de menaçant pour la paix européenne, qu'on pouvait croire définitivement assurée. L'Europe était désarmée, les mœurs pacifiques avaient prévalu partout. Le Positivisme avait montré ce que pouvait comporter la nouvelle situation. L'insuffisance et l'indignité du dictateur eurent bientôt tout compromis. Incapable, malgré les avertissements motivés de la doctrine nouvelle, de répondre aux exigences intérieures, il se jeta au dehors en des aventures que rien ne pouvait motiver et souleva contre lui l'Europe coalisée, en éveillant de vieilles haines qu'on eut pu croire à jamais étouffées. La nouvelle situation créée par la guerre constitue en Occident une véritable déviation qui ne peut que retarder sa constitution future. Néanmoins, les mœurs de la paix ont tellement prévalu chez les populations qu'il serait facile de les ramener aux sentiments de la vieille confraternité, si la France était restée à la hauteur de sa mission séculaire. Le discrédit qui dut frapper naturellement l'institution dictatoriale après nos désastres, nous ramena à la forme parlementaire, sous laquelle furent encore livrées nos destinées à une métaphysique dissolvante, aussi incapable de maintenir l'ordre matériel que d'assurer le progrès. Le Positivisme, réduit à ses seules forces, a plus que jamais le devoir de parler. C'est à lui à relever aujourd'hui auprès des populations la forme dictatoriale, en l'entourant de toutes les garanties que peut réclamer la crainte d'une rétrogradation ou de l'anarchie socialiste. Revenant aux indications du grand philosophe, puisqu'on ne peut faire appel à des chefs qui n'ont, de l'autorité, que l'apparence, c'est aux populations qu'il faut s'adresser. Subordonnant le maintien de l'ordre et le développement du progrès à une entière séparation entre le spirituel et le temporel, il faut désormais les inviter à réclamer de leurs représentants, au nom de la liberté spirituelle, la suppression du triple budget : clérical, académique et universitaire. En ces nouvelles conditions de liberté, un pouvoir fort et progressif ne saurait tarder à surgir. L'application des conseils du grand novateur ne se trouvera retardée alors que d'une génération. C'est ici le moment de rappeler la grande loi de philosophie première, concernant les modifications que comporte la marche des phénomènes, aussi bien physiques que sociaux, à savoir que les modifications de l'ordre universel n'affectent que l'intensité des phénomènes dont l'arrangement reste toujours invariable. Les perturbations apportées dans la succession des phénomènes sociaux par la prépondérance que vient de prendre la déviation militaire, où se trouve engagé l'Occident, ne saurait donc affecter que leur vitesse. La sagesse d'un homme d'État qui saurait s'inspirer des enseignements d'une philosophie supérieure, aurait bientôt ramené l'Occident aux voies d'où il n'a été que passagèrement détourné.

Nous nous sommes proposé, dans cette Notice, de montrer l'œuvre du grand philosophe ; elle est *une,* comme on le voit. A la fondation philosophique, a succédé, sans rien de fortuit, l'institution religieuse, qui en était la conséquence naturelle. C'est en vain qu'on chercherait à contester l'unité d'une grande existence et de la doctrine qui en émana. Les développements apportés dans le cours d'une vaste élaboration n'ont en eux, rien qui soit de nature à la faire méconnaître. Dans les premiers travaux du jeune philosophe, il est facile, comme nous croyons l'avoir montré, de trouver les germes des plus hautes conceptions de sa maturité.

Nous n'avons pas à suivre ici le grand novateur dans l'institution des moyens qu'il recommande aux gouvernements et aux populations pour préparer l'avènement de la doctrine organique que l'Occident, et l'on peut dire le monde tout entier, réclame de plus en plus. Nous croyons avoir déjà assez fait pour engager tous ceux qui s'intéressent à l'avenir de leur pays et aux destinées humaines, à remonter à la grande œuvre dont nous espérons avoir assez montré la puissance et la portée. Nous devons cependant appeler leur attention sur une importante institution destinée à préparer par une glorification du passé, la reconstitution de la vieille occidentalité. Rétablir la continuité méconnue et rapprocher les Occidentaux par une action commune, tel fut le but que se proposa le grand novateur quand il construisit son calendrier historique. Borné à la transition actuelle, ce calendrier ne peut être que provisoire et sera remplacé par celui que réclame l'état normal, conformément aux exigences du culte. Il y inaugure la glorification du Grand-Être en combinant trois degrés de célébration : mensuelle,

hebdomadaire et quotidienne. Composée de treize mois,
l'année positiviste placera chacun d'eux sous le patronage
d'un des grands types dont s'honore notre espèce. Un coup
d'œil jeté sur le tableau *ci-joint* montrera la succession des
âges et l'œuvre poursuivie avec une sorte de pressentiment
de l'avenir, par l'ensemble de nos prédécesseurs.

Le commencement de l'ère positiviste a été fixé en l'année
1855, année de la publication du tome final de la *Politique
Positive*. La fondation religieuse est alors complète. La
même date ne peut convenir à la transition organique, dont
le commencement doit être fixé au début de la crise finale
du siècle dernier, pour que tous les Occidentaux puissent,
dit le Maître, en mesurer et suivre le cours. C'est donc de
l'année même de la prise de la Bastille qu'il faut placer
l'origine de l'ère transitoire qu'inaugure le calendrier historique. Les origines des deux ères : normale et transitoire,
se trouveront, de la sorte, séparées par l'intervalle de deux
générations, soit soixante-dix ans environ.

L'institution du calendrier historique fut complétée par
un système de lecture, à l'usage des nouvelles générations,
en harmonie avec la transition organique. C'est dans ce
but qu'a été instituée la Bibliothèque positiviste. Elle doit
préserver les nouvelles générations de lectures dangereuses.
« Dans cette collection provisoire de cent-cinquante
volumes, plus ou moins usuels, qui prépare la condensation
normale du trésor intellectuel, il faut distinguer, dit le
grand novateur, les lectures poétiques et normales, seules
susceptibles de devenir habituelles. En s'y bornant aux
vrais chefs-d'œuvre, la transition organique se trouve
partout secondée d'après un commerce familier avec les
meilleurs types de la préparation humaine. » Conformément à son expérience personnelle, il recommande surtout
la lecture quotidienne de la *sublime ébauche* d'A'Kempis

CALENDRIER POSITIVISTE

Pour une année quelconque

ou

Tableau Concret de la Préparation Humaine

Jour	PREMIER MOIS — MOISE (LA THÉOCRATIE INITIALE)	DEUXIÈME MOIS — HOMÈRE (LA POÉSIE ANCIENNE)	TROISIÈME MOIS — ARISTOTE (LA PHILOSOPHIE ANCIENNE)	QUATRIÈME MOIS — ARCHIMÈDE (LA SCIENCE ANCIENNE)	CINQUIÈME MOIS — CÉSAR (LA CIVILISATION MILITAIRE)	SIXIÈME MOIS — SAINT PAUL (LE CATHOLICISME)	SEPTIÈME MOIS — CHARLEMAGNE (LA CIVILISATION…)
1	Prométhée . . . *Cadmus.*	Hésiode.	Anaximandre.	Théophraste.	Miltiade.	Saint Luc . . . *Saint Jacques.*	Théodoric-le-Grand.
2	Hercule . . . *Thésée*	Tyrtée . . . *Sapho.*	Anaximène.	Hérophile.	Léonidas.	Saint Cyprien.	Pélage.
3	Orphée . . . *Tirésias*	Anacréon.	Héraclite.	Érasistrate.	Aristide.	Saint Athanase.	Othon le Grand.
4	Ulysse.	Pindare.	Anaxagore.	Celse.	Cimon.	Saint Jérôme.	Saint Henri.
5	Lycurgue.	Sophocle . . . *Euripide.*	Démocrite . . . *Leucippe.*	Galien.	Xénophon.	Saint Ambroise.	Villiers.
6	Romulus.	Théocrite . . . *Longus.*	Hérodote.	Avicenne . . . *Averrhoès.*	Phocion . . . *Épaminondas.*	Sainte Monique.	Don Juan de Lép…
7	**Numa.**	**Eschyle.**	**Thalès.**	**Hippocrate.**	**Thémistocle.**	**Saint Augustin.**	**Alfred.**
8	Bélus . . . *Sémiramis.*	Scopas.	Solon.	Euclide.	Périclès.	Constantin.	Charles Martel.
9	Sésostris.	Zeuxis.	Xénophane.	Aristée.	Philippe.	Théodose.	Le Cid.
10	Manou.	Ictinus.	Empédocle.	Théodose de Bythinie.	Démosthènes.	Saint Chrysostome . *St Basile.*	Richard.
11	Cyrus.	Praxitèle.	Thucydide.	Héron . . . *Ctésibius.*	Ptolémée Lagus.	Sainte Pulchérie . . . *Marcien.*	Jeanne d'Arc.
12	Zoroastre.	Lysippe.	Archytas . . . *Philolaüs.*	Pappus.	Philopœmen.	Sainte Geneviève de Paris.	Albuquerque. W…
13	Les Druides . . . *Ossian*	Apelles.	Apollonius de Tyane.	Diophante.	Polybe.	Saint Grégoire le Grand.	Bayard.
14	**Bouddha.**	**Phidias.**	**Pythagore.**	**Apollonius.**	**Alexandre.**	**Hildebrand (Grég. VII).**	**Godefroi de B…**
15	Fo-Hi.	Ésope . . . *Pilpaï.*	Aristippe.	Eudoxe . . . *Aratus.*	Junius Brutus.	Saint Benoît . . . *Saint Antoine.*	S. Léon le Grand.
16	Lao-Tseou.	Plaute.	Antisthènes.	Pythéas . . . *Néarque.*	Camille . . . *Cincinnatus.*	Saint Boniface . . . *Saint Austin.*	Gerbert . . . *Pier…*
17	Meng-Tseou.	Térence . . . *Ménandre.*	Zénon.	Aristarque . . . *Bérose.*	Fabricius . . . *Régulus.*	St Isidore de Séville. St Bruno	Pierre l'Ermite.
18	Les théocrates du Thibet.	Phèdre.	Cicéron . . . *Pline-le-Jeune.*	Ératosthène . . . *Sosigène.*	Annibal.	Lanfranc . . . *Saint Anselme.*	Suger.
19	Les théocrates du Japon.	Juvénal.	Épictète . . . *Arrien.*	Ptolémée.	Paul-Émile.	Héloïse . . . *Béatrice.*	Alexandre III.
20	Manco-Capac . . . *Taméhaméha.*	Lucien.	Tacite.	Albategnius . . . *Nassir-Eddin.*	Marius . . . *Les Gracques.*	Les Architectes du Moyen-Age	S. Fr. d'Assise.
21	**Confucius.**	**Aristophane.**	**Socrate.**	**Hipparque.**	**Scipion.**	**Saint Bernard** (*St Benezet.*)	**Innocent III.**
22	Abraham . . . *Joseph.*	Ennius.	Xénocrate.	Varron.	Auguste . . . *Mécène.*	St Franç.-Xav. *Ignace de Loyola.*	Sainte Clotilde.
23	Samuel.	Lucrèce.	Philon d'Alexandrie.	Columelle.	Vespasien . . . *Titus.*	St Ch. Borromée. *Fred. Borrom…*	Ste Bathilde. *Ste M…*
24	Salomon . . . *David.*	Horace.	Saint Jean l'Évangéliste.	Vitruve.	Adrien . . . *Nerva.*	Ste Thérèse. *Ste Cath. de Sienne*	St Ét. de Hongrie
25	Isaïe.	Tibulle.	Saint Justin . . . *Saint Irénée.*	Strabon.	Antonin . . . *Marc Aurèle.*	St V. de Paule. *L'abbé de l'Épée.*	Ste Élisabeth de…
26	Saint Jean-Baptiste.	Ovide.	Saint Clément d'Alexandrie.	Frontin.	Papinien . . . *Ulpien.*	Bourdaloue . . . *Claude Fleury.*	Blanche de Casti…
27	Haroun-al-Raschid. *Abdérame III*	Lucain.	Origène . . . *Tertullien.*	Plutarque.	Alexandre Sévère . . . *Aétius.*	W. Penn . . . *G. Fox.*	St Ferdinand III
28	**Mahomet.**	**Virgile.**	**Platon.**	**Pline l'Ancien.**	**Trajan.**	**Bossuet.**	**Saint Louis.**

Jour	HUITIÈME MOIS — DANTE (L'ÉPOPÉE MODERNE)	NEUVIÈME MOIS — GUTENBERG (L'INDUSTRIE MODERNE)	DIXIÈME MOIS — SHAKESPEARE (LE DRAME MODERNE)	ONZIÈME MOIS — DESCARTES (LA PHILOSOPHIE MODERNE)	DOUZIÈME MOIS — FRÉDÉRIC (LA POLITIQUE MODERNE)	TREIZIÈME MOIS — BICHAT (LA SCIENCE MODERNE)
1	Les Troubadours	Marco-Polo . . . *Chardin.*	Lope de Vega . . . *Montalvan.*	Albert le Grand. *Jean de Salisbury*	Marie de Molina.	Copernic . . . *Tycho Brahé.*
2	Boccace . . . *Chaucer.*	Jacques Cœur . . . *Gresham.*	Moreto . . . *Guillen de Castro.*	Roger Bacon. *Raimond Lulle.*	Côme de Médicis l'Ancien.	Képler . . . *Halley.*

et de l'*incomparable épopée* de Dante, devenues de la sorte son bréviaire de tous les jours.

Ce philosophe austère, que beaucoup d'entre nous ont pu connaître, faut-il le dire, était le plus tendre des humains. Un cœur de femme dans l'âme d'un grand citoyen, a-t-on dit de lui. Sa correspondance avec ses camarades, avec ses premiers amis et ses disciples, ne saurait laisser aucun doute à cet égard. Que de larmes, nous dit-il, ont mouillé les pages de ses manuscrits. On y trouvera encore les traces. Avide d'affection, son cœur en fut privé jusqu'au jour d'une rencontre imprévue qui décida de sa seconde vie. Placé, dans le cours de sa première œuvre, à un point de vue tout intellectuel, plus d'une fois il sentit que l'esprit, suivant son expression, ne pouvait être que le ministre du cœur. C'est tout un monde à régénérer qu'il avait devant lui. Il venait de montrer les grandes lois qui président à la marche de l'esprit humain; de ces grandes lois il déduit bientôt les conditions de l'harmonie sociale. S'il n'est point de société sans gouvernement, il n'est point de gouvernement, put-il dire, sans religion, c'est-à-dire sans cet état d'unité qui résulte de l'harmonie de toutes les parties. C'est la prépondance du cœur sur l'esprit qu'il proclame. Ce n'est plus le philosophe qui parle ici, c'est le novateur religieux, c'est, avons-nous dit, l'émule de saint Paul et de Mahomet. Il faut que son cœur s'élève à la hauteur de la mission qu'il s'est donnée. La culture morale qu'il recommande aux autres, à l'exemple de ses grands prédécesseurs catholiques, il en éprouve pour lui-même le besoin. Il va la trouver dans sa profonde affection. Son œuvre, jusqu'alors poursuivie solitairement, va se continuer dans une noble collaboration, où la femme fournit l'inspiration et l'homme la conception. Sous l'empire de sa sainte affection, une profonde transformation s'est opérée en lui, elle fécondera les généreuses aspirations de sa jeunesse. Qu'est-ce qu'une grande vie, s'écriera-t-il avec le poète? Une pensée de la jeunesse exécutée dans l'âge mûr. Tel est l'épigraphe qu'il donne à sa seconde œuvre.

Après un an d'une chaste union, avons-nous dit, la mort lui enlève sa compagne. Celle qui a possédé son cœur restera son inspiratrice. Elle deviendra l'objet principal de son culte privé. Novateur religieux, il ne peut se contenter d'indiquer les conditions de la culture morale qu'il a instituée, il va s'y soumettre lui-même et montrer, d'après une expérience quotidienne, les pratiques destinées à élever le croyant à l'adoration du Grand-Être. C'est à celle qui a affermi son cœur, qui a agrandi son âme, qu'il dédie, avons-nous dit, l'œuvre qui fait suite à sa fondation philosophique. Tout est un dans cette grande existence; il en montrera lui-même l'unité : Aristote et saint Paul sont par toi combinés, dira-t-il, s'adressant à son inspiratrice dans la sainte effusion par laquelle commence sa journée.

Dédiée à l'éternelle amante, l'œuvre religieuse se termine par une invocation, où il la montre associée à tous les progrès réalisés dans le cours d'une élaboration, dont l'étendue et la rapidité ne peuvent que nous surprendre. C'est à elle qu'il rapporte toutes les améliorations tant morales que physiques que pouvait comporter sa nature et sans lesquelles il eut manqué, nous dit-il, non sans raison, les principales conditions de sa seconde vie. Au siècle de Dante et de Pétrarque, personne n'en eut douté. Qu'on nous permette de reproduire ici l'émouvante page où sa reconnaissance s'associe au sentiment de sa propre élévation : « Je puis autant appliquer à ma vie publique qu'à mon existence privée l'appréciation incorporée, depuis plusieurs années, à mes prières quotidiennes. Malgré la catastrophe qui me priva de toi, ma situation finale surpasse tout ce que je pouvais espérer et même rêver avant toi. Notre tendresse, toujours sainte, me rendit d'abord chaste, puis sobre ; cette double purification, développée sous ton ascendant subjectif, me fit mieux surmonter les autres instincts personnels, d'après l'essor continu des trois impulsions sympathiques. Tu persisterais peut-être à me reprocher de compromettre, par trop de bienveillance et d'abandon, un empire individuel, que tant de personnages ont aisément obtenu, d'après une artificieuse réserve. Cependant, je ne saurais déplorer une disposition propre à seconder mon principal office, suivant l'aptitude que tu m'attribuas de me faire tout à tous et qui convient mieux au fondateur du relativisme qu'à celui du catholicisme. Grâce à toi, j'ai pu reconstruire le saint régime du Moyen-Age, en consacrant depuis huit ans la première heure de chaque journée à la culture directe des meilleures émotions de la nature humaine. Pleinement sensible envers mon essor moral et même intellectuel, cette régénération s'étend jusqu'à mon existence physique, non moins préservée des annonces ordinaires de la vieillesse, malgré une laborieuse carrière, dont la prolongation te sera due. »

XIII

La grande œuvre religieuse, dont nous venons de
présenter l'ensemble, est sans doute complète, en tant que
faisant la part du cœur, de l'esprit et du caractère. Elle
présente la plus parfaite unité; l'esprit s'y consacre, en
effet, au service du sentiment et dirige l'activité; mais elle
n'exige pas moins un couronnement. Tel devait être l'objet
de la grande construction que la mort a laissé inachevée.
Il fallait réunir en une conception synthétique, tant
abstraite que concrète, tout ce que l'esprit pouvait embrasser et le cœur réclamer sans préjudice pour la réalité, sans
méconnaître la prépondérance du sentiment. Ces deux
conditions ne sont devenues conciliables que lorsque la
science moderne nous eut, avons-nous dit, révélé les lois
qui président à la marche de l'évolution humaine. Renonçant à trouver au dehors un principe assez général pour
en faire découler tous les autres, il fallut bien renoncer
aussi à instituer une synthèse objective. La théologie l'avait
vainement tenté. Bien que les puissances à qui elle confiait
la direction des divers départements naturels fussent
fictives, elle ne chercha pas moins hors de nous des motifs
de rapprochement.

Après ces divers échecs, une synthèse subjective restait
seule réalisable, en rattachant tout au principe de l'Humanité. La relativité de nos conceptions quelconques en montre
désormais, à la fois la possibilité autant que la nécessité.

Toute synthèse, pour être complète, doit embrasser l'ordre concret et l'ordre abstrait, ce que le passé ne put jamais réaliser. Sous le régime théologique de la raison concrète, qui différencie notre enfance de notre maturité, les lois, à peine entrevues, durent souvent être invoquées pour compléter l'empire des volontés, et contenir les fluctuations indéfinies auxquelles on était exposé. Sous le régime final, les volontés doivent au contraire venir compléter les lois, pour toutes les notions qui ne sont pas suffisamment abstraites; car les lois concrètes, vu leur complexité, resteront toujours impénétrables à notre investigation. On sera donc toujours enclin à leur substituer des volontés.

Qu'on ne se fasse aucune illusion à cet égard, c'est la *disposition morale* qui prévaut toujours en nous, lorsque, sous l'empire de la passion, nous cherchons à nous rendre compte de ce qui se passe autour de nous, quand les phénomènes sont trop compliqués pour comporter une explication rationnelle. Le fétichisme, en animant la nature entière, en prêtant à tout des volontés, institua la seule synthèse qui était logiquement possible alors. Elle fut nécessairement subjective. Le Positivisme, renonçant à la synthèse objective, jugée désormais irréalisable, et devant tenir compte de toutes les exigences du cœur humain, ne pouvait se dispenser de faire, lui aussi, appel aux volontés pour combler les lacunes que les lois, essentiellement abstraites, c'est-à-dire fictives, laissent nécessairement entre elles et la réalité. Tous les esprits vraiment philosophiques ne peuvent voir en elles que des conceptions instituées, d'après l'observation des êtres, pour répondre à nos besoins quelconques, sans y chercher jamais la peinture exacte de la réalité. Elles n'en seront jamais que des approximations. Entre elles et la réalité, il restera toujours certains vides qu'il faudra combler en passant à la pratique des choses. La poésie a su les utiliser de tout temps; la science, toujours relative, ne saurait être plus exigente qu'elle. Entre les volontés qu'elle institue aujourd'hui pour compléter ses conceptions et celles qu'institua le fétichisme, il y a toutefois cette différence, c'est que les unes étaient considérées comme réelles, tandis que les autres doivent, pour tous les bons esprits, rester toujours fictives. Ici, la fiction ne saurait cependant être arbitraire; elle doit respecter l'ordre réel, qu'il ne faut jamais méconnaître. Des deux synthèses, nécessairement subjectives, qu'instituèrent le régime initial de l'Humanité et son régime final, l'une fut personnelle et destinée à répondre aux convenances individuelles, tandis que l'autre est essentiellement sociale et commandée par des exigences de même nature. En tenant compte de ces distinctions, le fétichisme a pu être incorporé au Positivisme. Sous l'influence de la passion, avons-nous dit, nous le voyons se manifester dans tous les actes de la vie. Simplement provisoire, le théologisme, qui lui succéda, ne pût au contraire laisser qu'une trace historique dans la pensée humaine, qu'il ne peut désormais assister, sous aucun rapport, pas plus logique que dogmatique.

Après avoir montré précédemment le besoin de la méthode subjective, il nous reste à procéder à l'institution d'une synthèse de même nature. De toute part tout doit être désormais rapporté à l'Humanité. Tout ce qui ne pourrait directement ou indirectement concourir à sa glorification et à assurer son service doit être définitivement élagué. Hors de là, dit le Maître, tout n'est que vanité. Mais auparavant montrons quelle modification il apporte lui-même à sa loi des trois états, après l'épanouissement auquel est arrivé sa pensée. Voici ce qu'il m'écrivait à ce sujet :

« Si l'esprit humain s'élève à la pleine maturité en passant par les divers états, théologique, méthaphysique et scientifique, la qualification de définitif ne saurait être cependant accordée au dernier état. Il faut, en effet, le décomposer finalement en deux modes successifs, l'un scientifique, l'autre philosophique, respectivement analytique et synthétique. C'est seulement à ce dernier mode que doit appartenir la qualification de définitif. Considérée de la sorte, la science reste aussi préliminaire que la théologie et la métaphysique. A l'égard de la religion universelle qu'inaugure le Positivisme, les trois états désignés seront, l'un provisoire, l'autre transitoire et le dernier préparatoire. L'attribut de pleine positivité ne peut jamais convenir qu'aux conceptions où la réalité s'associe à l'utilité, toujours rapportée à l'Humanité. » « Dans la construction finale, m'écrivait encore le grand novateur, le début théologique de la préparation humaine n'a pas moins d'efficacité que sa terminaison scientifique. Si celle-ci fournit des matériaux extérieurs, l'autre ébauche les dispositions intérieures, en compensant l'imaginarité par la généralité, dont l'absence interdit toute vraie rationnalité théorique. Sous un aspect plus systématique, la première vie est surtout distinguée chez l'individu, comme envers l'espèce, par la vaine recherche continue d'une synthèse essentiellement objective, tandis que la seconde réclame et développe la synthèse purement subjective dont l'autre a spontanément fourni les matériaux nécessaires. Même quand la science a senti l'inanité des *causes* et fait graduellement prévaloir les *lois*, elle aspire autant que la théologie et la métaphysique à l'objectivité complète, rêvant l'universalité d'explication extérieure d'après une seule loi, non moins absolue que les dieux et les entités, suivant l'utopie académique. »

Nous voyons combien s'est étendue la pensée du grand novateur. Par la nouvelle synthèse que nous allons essayer d'esquisser, il va prendre possession du monde tout entier après avoir dissipé tous les malentendus scientifiques et doté la raison humaine du plus puissant instrument d'investigation. Vérités révélées, a-t-on dit jusqu'à lui, de l'ensemble de l'élaboration scientifique; conceptions inspirées par nos besoins divers, conformément aux renseignements fournis par l'observation, faut-il répondre désormais. Combien, dans nos corporations savantes, cherchent encore l'expression fidèle, exacte, de la réalité.

Nous suivons pas à pas le génie créateur, dont nous reproduisons souvent les propres paroles.

La fétichité primitive transporte à toutes les existences l'ensemble des attributs humains dont la distinction reste longtemps inappréciable. L'activité et la vie, propre seulement aux êtres organisés, se trouvent confondues dans une telle synthèse. Notre maturité les sépare, mais elle peut, malgré cela, conserver les avantages, autant affectifs que spéculatifs, propres aux conceptions de notre première enfance, en ne réservant l'intelligence qu'à certains êtres et ne laissant aux autres que le sentiment et l'activité. Si les préjugés théologiques refusèrent l'activité à la matière, la science, mieux renseignée, la lui restitue, surtout lorsqu'elle a écarté les fluides imaginaires de la métaphysique, qui dissimulaient la véritable existence des corps. Depuis longtemps, la poésie, plus hardie que la science, aspirant à la synthèse par la sympathie, lui accorda aussi le sentiment. On peut ici systématiser ces primitives dispositions. On ne saurait prouver, en effet, fait remarquer le grand novateur, qu'un corps quelconque ne sent pas les impressions qu'il subit et ne veut pas les actions qu'il exerce, quoiqu'il se montre dépourvu de la faculté de modifier sa conduite, suivant sa situation, principal caractère de l'intelligence. Mais écartant les préjugés théoriques, tant scientifiques que théologiques ou métaphysiques, propres à l'initiation humaine, la sagesse finale peut instituer la synergie d'après la sympathie, en concevant toute activité dirigée par l'amour vers l'harmonie universelle.

Plus hardie, avons-nous dit, que la science, la poésie ira plus loin qu'elle, sans s'affranchir de la réalité dont elle n'enfreindra jamais les lois connues. Elle pourra supposer la Terre primitivement douée d'intelligence et s'épuisant dans les suprêmes efforts auxquels elle s'est livrée pour préparer un siège d'une fixité nécessaire à la vie qui allait émaner de son sein. Une pareille fiction, qu'aucun fait ne peut combattre, peut être également étendue à l'ensemble des astres émanés, comme la Terre, de l'astre central, chacun modifiant sa constitution et son orbite par des explosions graduelles destinés à restreindre son excentricité. Quoique la pensée chez tous les êtres, où elle se manifeste, soit unie à la mobilité de composition, et qu'on ne puisse expliquer que par ce seul fait une telle liaison, rien ne saurait en imposer la réciprocité, pas plus d'ailleurs, comme nous l'avons dit, qu'on puisse prouver qu'un corps ne sent pas les impressions qu'il subit. Repoussant toute idée de création dont la notion est contradictoire depuis qu'il est démontré que la quantité totale de matière reste constante au milieu de ses transformations quelconques, la poésie, s'associant au culte, peut encore nous montrer le plus complet des êtres, l'homme, se dégageant avec la vie de son siège qu'épuisa un long et laborieux enfantement et prenant enfin possession de son nouvel empire.

En se systématisant, comme on vient de le voir, la fétichité peut se développer plus encore que lorsqu'elle était spontanée.

A l'égard du domaine concret, la synthèse subjective est ainsi suffisamment étendue; mais elle doit, pour se compléter, s'étendre encore au domaine abstrait. Elle l'absorbera également par l'institution des milieux subjectifs qu'ébaucha le jeune philosophe au début de sa carrière.

Réduite à l'ordre concret, la fétichité systématique satisfait, comme on l'a vu, le sentiment et l'activité; mais elle ne saurait cependant assister assez l'intelligence. La raison pratique, sans cela, serait exposée à méconnaître sa subordination à la raison théorique et un tel régime ne pourrait alors assez représenter la suprématie des fatalités immodifiables sous lesquelles vit l'Humanité. Faute d'animer les lois, il tendrait toujours à faire prévaloir les volontés qui doivent s'y subordonner. Telle est la difficulté qu'il fallait surmonter.

Les lois irréductibles qui constituent l'ordre abstrait forment deux groupes. Le premier de ces groupes comprend les lois universelles communes à toutes les classes de phénomènes. Leur ensemble constitue ce que, d'après Bacon, nous avons qualifié de philosophie première; elles sont au nombre de quinze. Nous en avons donné le tableau. Elles sont à divers degrés à la fois objectives et subjectives. « Un second groupe plus vaste et plus cohérent complète l'ordre abstrait par l'ensemble des lois respectivement propres à chacune des sept catégories naturelles. » Elles composent la philosophie seconde, comme les autres la philosophie première. A la suite de cette seconde catégorie de lois abstraites, il faudrait placer les lois concrètes, si elles étaient connues. Notre maturité y supplée, avons-nous dit, par l'institution des volontés qu'il faudra toujours subordonner à la double fatalité que représentent les lois abstraites, générales ou spéciales. « Telle est l'économie finale de l'entendement humain quand il renonce à l'absolu pour construire une synthèse capable d'assister la sympathie et de guider la synergie. »

L'adoration de la Terre, érigée en grand fétiche, ne peut suffire pour satisfaire l'expression de notre gratitude à l'égard de cette fatalité immodifiable, reconnue par la raison abstraite et que le sentiment donne comme stimulant et régulateur à toute existence. L'ordre universel, faute d'un milieu convenable pour en constituer le siége, manque, en effet, d'un culte direct, dont l'absence compromet l'unité affective qui doit s'étendre sous la nouvelle synthèse autant à l'ordre abstrait qu'à l'ordre concret. Le Positivisme, reprenant les traditions fétichiques, se montre capable de glorifier l'immuabilité de l'ordre universel par l'institution des milieux subjectifs. C'est ainsi qu'il nous apprend à chérir l'assujettissement qu'il érige en une source continue d'améliorations : Vénérer une destinée inflexible devient le signe le plus décisif et la meilleure garantie d'une vraie régénération. Elle ne saurait être complète et stable que lorsque l'amour s'étend des prescriptions volontaires jusqu'aux obligations involontaires.

Il faut remonter jusqu'au fétichisme pour trouver une célébration quelconque du Destin. La nouvelle synthèse la personnifie dans l'ensemble des lois abstraites et concrètes, quoique celles-ci doivent souvent rester inconnues. Elle va lui donner un siége, naturellement subjectif, précédée en cela par la poésie qui sut toujours pressentir les exigences du sentiment. Elle institue à cet effet un milieu général dont la nature, quoique fictive, ne sera jamais équivoque. Telle est la destination de l'*Espace*. Son institution fut si spontanée que l'origine en resta toujours inaperçue. Bornée jusqu'ici au domaine mathématique, une telle institution doit embrasser désormais l'ensemble des phénomènes extérieurs. Réduit à son office géométrique ou mécanique, un tel milieu conserve les empreintes qu'y place notre imagination afin de nous permettre de penser aux formes et aux situations indépendamment des corps qui nous les manifestent. Une pareille aptitude peut être étendue à tous les attributs universels. Leur contemplation pourra ainsi se développer à l'aide d'images convenables. Si en géométrie on conserve les formes en solidifiant les limites de chaque empreinte et, en laissant au-dedans une fluidité convenable, on pourra encore dans les autres domaines abstraits utiliser la souplesse du nouveau milieu à l'égard des autres attributs naturels. L'Espace gardera ainsi les densités, les températures, les odeurs, les couleurs, les sons et tous les autres attributs matériels que dans le travail de l'abstraction nous avons dû séparer des corps qui en sont les sièges primitifs.

L'institution de l'Espace fut spontanée chez une notable partie de la population humaine. Par un concours de circonstances spéciales, la civilisation chinoise développa le fétichisme au-delà de tout ce qui fut possible ailleurs. Aussi le culte y consista toujours dans l'adoration de la Terre et du Ciel. Sous l'impulsion astrolatrique, l'Espace s'y confondit avec l'ensemble des corps célestes.

Graduellement étendue, comme on le voit, jusqu'au domaine abstrait, la synthèse relative peut désormais embrasser toutes les existences réelles ou fictives, liées à la suprême intelligence. Pour que la sympathie y soit assez développée, il faut que l'idéalisation s'étende non seulement au monde objectif, mais aussi au milieu subjectif où nous plaçons tous les phénomènes extérieurs.

S'il faut réserver l'intelligence à l'Humanité, à ses serviteurs ou à ses auxiliaires animaux, on ne concédera qu'une activité aveugle aux corps dont l'ensemble constitue le siège et la base de la suprême existence. Le milieu général où s'accomplissent les phénomènes quelconques n'est animé que par la sympathie universelle, sans action comme sans réflexion, dit le suprême novateur. Ne faut-il pas voir, fait-il observer, dans la vague hypothèse d'un éther universel, pour rallier les abstractions théoriques de nos savants, une sorte de pressentiment de l'institution spontanée que développe le Positivisme. L'apparence d'objectivité que conserve encore cette hypothèse en a jusqu'ici dissimulé la nature et la destination. L'éther des savants occidentaux et le ciel des lettrés chinois ont préparé la systématisation positiviste de l'Espace.

Telle que nous venons de la présenter, la synthèse subjective est autant abstraite que concrète. Après en avoir montré les divers éléments, il nous reste à en présenter le résumé. Nous ne pouvons mieux faire que de reproduire ici les propres paroles du Maître ainsi que nous l'avons si souvent fait quand nous avons voulu préciser notre pensée. « Élaborés, par notre enfance et notre adolescence, les éléments synthétiques de notre maturité n'ont besoin que d'être convenablement transformés pour constituer l'état normal. Une inaltérable trinité dirige nos conceptions et nos adorations, toujours relatives, d'abord au Grand-Être, puis au Grand-Fétiche, enfin au Grand-Milieu. Fondée sur la théorie de la nature humaine et sur la loi de classement universel, cette hiérarchie offre un décroissement continu des caractères, propre à la synthèse subjective, on y vénère au premier rang l'entière plénitude du type humain, où l'intelligence assiste le sentiment pour diriger l'activité. Nos hommages y glorifient ensuite le siège actif et bienveillant dont le concours volontaire, quoique aveugle, est toujours indispensable à la suprême existence. Il ne se borne pas à la Terre, avec sa double enveloppe fluide, et comprend aussi les astres vraiment liés à la planète humaine, comme annexes objectives et subjectives, surtout le Soleil et la Lune que nous devons spécialement honorer. A ce second culte succède celui du théâtre passif autant qu'aveugle, mais toujours bienveillant, où nous rapportons tous les attributs matériels dont la souplesse sympathique facilite l'appréciation abstraite à nos cœurs comme à nos esprits. Une telle doctrine, ajoute-t-il, représente la matière et même l'Espace, sous l'impulsion continue de la sympathie fondamentale, concourant, activement ou passivement, à perfectionner l'harmonie universelle d'après la providence graduelle du Grand-Être. Franchissant l'intervalle que le Monde, c'est-à-dire la Terre remplit entre l'Espace et l'Humanité, nous pouvons directement rappeler les deux éléments extrêmes de la Trinité suprême en attribuant au fluide général toute l'objectivité des lois les plus abstraites. »

En subordonnant l'intelligence au sentiment, la doctrine que nous venons d'exposer ne sacrifie point sa dignité. « Au contraire, elle obtient la plus noble consécration et le plus complet exercice dans le régime qui fait le mieux prévaloir le cœur, parce qu'elle seule peut y systématiser l'unité morale. » La synthèse subjective constitue donc pour l'entendement l'état le plus sympathique, puisqu'elle concourt à développer l'existence la plus religieuse, c'est-à-dire le régime de la pleine unité.

Les esprits mal préparés ou qui n'ont pas suivi l'incomparable novateur dans son ascension graduelle vers le couronnement de son œuvre, à tous égards exceptionnelle, n'ont vu dans tout ce que nous venons d'exposer qu'une sorte de divagation de l'esprit ou même un retour à la théologie. Ceux-là ont méconnu la puissance ou la part du sentiment dans l'institution de nos conceptions quelconques, tant théoriques que pratiques. A peine dégagés de l'absolutisme scientifique, qui ne diffère pas sensiblement de celui de la théologie ou de la métaphysique, ils ne sauraient comprendre que nos hypothèses ne sont jamais l'expression exacte de la réalité, qu'elles n'en sont que des approximations, instituées, sans même excepter la loi de la gravitation, pour nos besoins auxquels ils suffisent amplement. Comme les théologiens et les métaphysiciens, ils poursuivent encore la recherche de l'absolu en voulant, nous le répétons, trouver un principe assez général et nécessairement objectif, pour en faire découler tous les autres. Ils ignorent que les procédés scientifiques ne diffèrent que par le but de ceux dont usent la poésie et l'art en général, dans l'institution de leurs créations quelconques. La raison concrète, quoique guidée par la raison abstraite, sera toujours réduite à l'empirisme, vu l'ignorance où elle restera à l'égard des lois qui régissent les êtres. Faut-il la priver de l'assistance que peut lui fournir le sentiment. C'est à elle surtout qu'est applicable l'aphorisme du grand philosophe : pour compléter les lois, il faut des volontés. Quand le poète fait converser l'hôte des airs et la fleur des champs méconnait-il les conditions de leur existence matérielle en leur prêtant des sentiments et des volontés? Le savant qui voudrait étudier les motifs de leur rapprochement, soutenu par le sentiment, ne se trouvera-t-il pas en de meilleures conditions pour les observer? Sans être dupe de ses dispositions sentimentales, son esprit sera naturellement plus tenu en éveil. Indépendamment de ces diverses considérations, une synthèse qui aspire à embrasser l'universalité des existences ne doit-elle pas arriver ainsi à concilier les pensées propres aux divers âges de la vie sans briser une continuité nécessaire, toujours commandée par leur développement naturel? Faut-il que la maturité rejette dédaigneusement les conceptions de l'enfance sans pouvoir les expliquer et sans comprendre leur utilité pour préparer l'essor de nos plus nobles attributs, tant spéculatifs qu'affectifs?

L'incorporation systématique du fétichisme au Positivisme met ainsi fin à un divorce aussi préjudiciable à l'esprit qu'au cœur.

Il ne faut pas perdre de vue que les sentiments propres aux premiers âges de la vie, que les dispositions fétichiques développent en nous, à l'égard des objets qui nous environnent, animés ou inanimés, doivent être conservés envers eux par les pratiques du culte privé ou public. Quand plus tard les observations se sont multipliées et que l'initiation théorique nous a élevés à la connaissance des lois qui régissent le monde et l'homme, les habitudes contractées nous permettent de maintenir envers eux de salutaires dispositions affectives. Qui n'a aimé à revoir les lieux où il a vécu, où se rattachent de pieux souvenirs. La pathologie positive attribue à la rupture du sentiment de la continuité une maladie bien connue, la nostalgie, si commune chez les natures tendres lorsqu'elles s'éloignent des lieux où elles ont vécu, où se sont manifestées les premières affections. C'est encore nos dispositions fétichiques qui nous rapprochent d'une tombe où sont déposés les restes de ceux que nous avons aimés et que nous aimons à faire revivre dans une sainte commémoration. La nouvelle synthèse eût été incomplète et insuffisante si elle avait méconnu les exigences les plus intimes du cœur. Le grand novateur, aussi tendre qu'intellectuellement puissant, eût laissé une lacune dans son œuvre s'il n'y avait pourvu ou s'il les avait négligées.

Sortis à peine d'une immense transition, dont il faut, pour en trouver l'origine, remonter jusqu'à la rupture de l'unité, bien précaire, qu'instituèrent si péniblement le fétichisme et la théocratie initiale, nous ne pouvons que pressentir, d'après les mœurs de nos premiers aïeux, ce que seront la sentimentalité de l'avenir et les dispositions mentales qui prévaudront un jour lorsque le cœur aura repris son primitif empire et que sa prépondérance dans tous les actes de la vie aura reçu de l'esprit une consécration systématique. Le grand philosophe n'était-il pas pleinement autorisé à considérer l'ensemble du passé comme une longue préparation des forces humaines que le présent doit maintenant combiner en vue de l'avenir?

XIV

En terminant son principal ouvrage, la *Politique Positive*, le grand novateur annonce trois nouveaux traités pour 1856, 1859 et 1861. Les deux tomes du traité moyen, celui de 1859, seront consacrés, dit-il, à l'harmonie morale ; le volume qui précède et celui qui suit, c'est-à-dire ceux de 1856 et 1861, doivent respectivement développer la prépondérance normale du sentiment sur l'intelligence et l'activité. Ce sont les traités de philosophie mathématique et d'industrie positive qu'il désigne ainsi. Le premier traité a seul paru. Ce que, dans sa *Politique Positive*, il annonça comme devant former trois traités séparés, devait former les trois parties distinctes, mais connexes, d'un même ouvrage, destiné à servir de complément synthétique à sa construction religieuse, sous le titre de *Synthèse Subjective*.

Toujours en progrès, son esprit, pendant les deux années qui séparent la publication du dernier volume de la *Politique Positive* de celle de la *Philosophie Mathématique*, s'est élevé à cette conception magistrale, dont nous avons donné une imparfaite esquisse dans les pages précédentes, et qui constitue, on peut le dire, le couronnement de son œuvre. De l'institution de la méthode subjective, qui a présidé à la rédaction de sa construction religieuse, devait inévitablement découler sa synthèse finale, déjà largement pressentie dans tout le cours des derniers travaux. L'incorporation du Fétichisme au Positivisme, sa théorie des

milieux subjectifs, c'est-à-dire de l'espace, qu'il a ébauchée
dès son adolescence, montrent, en effet, quel travail se
poursuivait dans son esprit.

La *Synthèse Subjective*, qui doit être autant concrète
qu'abstraite, dans la pensée de l'auteur est destinée à
instituer l'ensemble des conceptions propres à l'état normal
de l'Humanité. Sans un tel complément, le sacerdoce universel ne pourrait, dit-il, terminer une révolution, qui,
plus intellectuelle que sociale, exige l'entière rénovation de
notre entendement. L'intelligence et l'activité se mettant
au service du sentiment, la synthèse subjective devient, de
la sorte, la base du culte et doit présider à l'éducation universelle. Dans les deux derniers volumes de la nouvelle
œuvre, l'encyclopédie concrète se serait trouvée suffisamment caractérisée. Les deux premiers n'auraient pu, il est
vrai, qu'incomplètement instituer l'encyclopédie abstraite,
puisqu'ils ne pouvaient qu'en donner les deux termes
extrêmes que l'auteur s'était réservés. Mais la science fondamentale et la science finale auraient été, de la sorte,
pleinement constituées. Il fallait laisser à des successeurs,
s'inspirant de la pensée du Maître, le soin d'étendre la nouvelle systématisation à l'immense lacune laissée entre elles.
Le couple physico-chimique pouvait seul, en l'état, exiger
de grands efforts de coordination. La hiérarchie abstraite
aurait, néanmoins, réclamé un préambule destiné à l'exposition des grandes lois qui forment la philosophie première.
Un volume annoncé pour l'année 1870 aurait été écrit à
cet effet.

De la *Synthèse Subjective* se dégage, naturellement, un
enseignement logique qui ne peut que différer de tout ce
qui, sous ce titre, a été exposé jusqu'ici. C'est ce qui ressort
de la définition de la logique, à laquelle s'est finalement
arrêté l'incomparable auteur; la voici, telle qu'il la donne :

le concours normal des sentiments, des images et des signes, pour nous inspirer les conceptions qui conviennent à nos besoins moraux, intellectuels et physiques. Six ans auparavant, il définissait la logique dans l'introduction de son ouvrage principal : *L'ensemble des moyens propres à nous dévoiler les vérités qui conviennent à nos besoins, etc.* La différence que nous constatons dans les deux définitions provient, au dire même de l'auteur, de ce que, lorsqu'il s'arrêta à la première, il ne s'était pas encore suffisamment détaché des habitudes scientifiques. Nous avons vu comment, affranchi complètement de ces habitudes, il fut conduit à modifier sa loi des trois états, en considérant la phase scientifique par laquelle passe l'intelligence avant d'atteindre toute sa plénitude, comme n'étant pas plus définitive que les états métaphysique et théologique.

Si la logique se bornait à nous *dévoiler* les *vérités* qui nous conviennent, elle laisserait de côté le domaine fictif, c'est-à-dire esthétique, qui semblerait ne comporter aucune règle. D'ailleurs, ne serait-ce pas méconnaître la relativité de nos conceptions quelconques, qui sont seulement destinées à se substituer à la réalité, dont on ne doit approcher qu'autant que l'exigent nos besoins. Instituées et non dévoilées, nos conceptions doivent toujours, en effet, répondre à nos convenances, tant objectives que subjectives, sans réclamer plus de précision. Elles ne sont *vérités* qu'autant qu'elles s'y conforment.

Faut-il rappeler que l'ensemble du cerveau, d'après notre théorie cérébrale, concourt aux opérations quelconques de la région spéculative. Élaborées sous l'impulsion du cœur assisté du caractère, nos conceptions en subissent toujours l'influence. Ce sont les sentiments qui fournissent, à la fois, la source et la destination de toutes les notions acquises, lesquelles sont instituées d'après les émotions qui les suscitent.

Les sentiments constituent donc les premiers moyens logiques; on ne saurait impunément les négliger dans l'appréciation de nos procédés de raisonnement. Telle est la logique spontanée à laquelle sont dus les succès des esprits sans culture et souvent aussi ceux des esprits cultivés. On peut rappeler ici la belle sentence de Vauvenargues, qui vient confirmer ce premier aperçu : *Les grandes pensées viennent du cœur*. Les travers de l'esprit, proclame l'Église catholique, supposent toujours un vice du cœur.

A ce procédé fondamental s'en joignent deux autres. Bornées à la logique des sentiments, nos opérations intellectuelles pourraient être fortes et puissantes; mais elles resteraient vagues et seraient privées de la précision et de la rapidité qu'elles exigent ordinairement. Associées aux sentiments, les images rendent l'esprit plus net; elles sont d'ailleurs plus facultatives. Une liaison naturelle les combine avec les émotions, d'après le tableau de leur accomplissement. Telle est la logique des images.

Le dernier régime logique est celui des signes, plus rapide que celui des images, plus précis, quoique moins sûr. Rappelons la définition du signe, donnée dans la théorie du langage : « Il faut, y est-il dit, concevoir tout signe proprement dit, comme résulté d'une certaine liaison habituelle, d'ailleurs volontaire ou involontaire, entre un mouvement et une sensation. D'après une telle connexité, tantôt chaque mouvement reproduit la sensation correspondante, et tantôt le retour cérébral de celle-ci reproduit subjectivement le mouvement d'où elle émana d'abord. » Les sons vocaux deviennent, chez tous les animaux supérieurs, la principale base de l'institution des signes. Si la correspondance spontanée entre la voix et l'ouïe permet à chacun de s'adresser à soi-même, l'expression mimique, qui prépare l'expression écrite, ne jouit pas de ce précieux privilège, qui fait la supériorité des signes vocaux sur tous les autres, surtout, vu le voisinage de l'organe auditif des instincts sympathiques. La logique des signes devient ainsi plus favorable que les deux autres aux déductions. Elle ne répond cependant à sa destination esthétique, théorique ou pratique, que par son association à la logique plus puissante des sentiments et des images.

Historiquement on voit la logique des sentiments se développer spontanément sous le fétichisme initial, celle des images sous le polythéisme, où l'institution des dieux fournit les principales représentations. La logique des signes acquit tout son développement sous le monothéisme, où, sous l'influence de la discussion, vint s'épanouir le régime métaphysique. Le Positivisme consacre aujourd'hui, en les combinant, les trois méthodes surgies pendant le cours de la préparation humaine. Cette combinaison des trois éléments logiques, pressentie par la théocratie, fut radicalement méconnue sous l'évolution grecque, qui conféra aux signes une prépondérance exagérée, d'où résulta, fait remarquer le Maître, la dénomination de logique qui prévaut encore de nos jours. Le Catholicisme, par les mystiques, devait protester contre cette déviation, en proclamant à sa manière la subordination de la raison à la foi, ce qui équivaut à celle de l'esprit au cœur. *Omnis ratio, et naturalis investigatio*, dit l'immortel auteur de l'Imitation. *fidem sequi debet, non precedere nec infrangere.* La foi représente ici l'amour.

Comme science ou comme art, la logique, depuis son essor grec, méconnaissant les conditions morales auxquelles elle devait se subordonner, ne put constituer qu'un vain appareil de règles métaphysiques. Elle se contenta, fait observer le grand penseur, de systématiser l'aptitude plus nuisible qu'utile à prouver qu'à trouver. Son institution

finale ne devint possible que lorsque l'initiation humaine
fut définitivement achevée. Il fallait, en effet, discipliner
l'esprit comme l'élément le plus perturbateur, puisqu'il
aspire à commander au lieu de se contenter d'éclairer.

La synthèse subjective ouvre un vaste champ à l'intelligence, qui place sa grandeur dans une digne soumission à
l'ordre fondamental, que nous devons subir et modifier.
Un tel régime spéculatif peut se résumer dans ce vers
systématique :

> Entre l'homme et le monde il faut l'Humanité.

Le premier hémistiche rappelle le dualisme immobile de
la synthèse préliminaire, et le second indique la progression
continue qui caractérise la synthèse finale. C'est par
l'Humanité, et à travers elle, qu'est transmise à l'homme
l'influence du monde, qu'elle modifie de plus en plus et que
nous subissons dignement, en transformant une soumission
involontaire en une soumission volontaire, qu'ennoblit
l'amour, unique mobile de toutes nos résolutions, tant
philosophiques qu'esthétiques. Aucune diffusion ou égare-
ment de nos attributs intellectuels n'est plus à redouter en
ces conditions ; on peut les rattacher tous à l'Humanité
dont chacun de nous devient un organe convergent.

Le commun milieu qui enveloppe le monde et l'Humanité constitue le principal domaine de la logique systématique, puisqu'il reste le siège normal des lois vraiment
universelles. Le culte de l'Espace, complétant celui de la
Terre, nous montre dans tout ce qui nous entoure des
auxiliaires de l'Humanité. La combinaison du fictif et du
réel, qu'inaugure un régime de pleine maturité, fournit à
l'intelligence une dignité qu'elle n'avait jamais eue jusqu'ici
et lui ouvre un champ d'exploration qui s'étend à l'universalité de nos rapports.

D'après les considérations précédentes, il convient de fixer maintenant l'état normal de l'entendement en déterminant la constitution fondamentale de la méthode universelle. La vraie méthode ne pouvait surgir que par un suffisant essor de ses diverses applications, tant poétiques que philosophiques. C'est, en effet, dans l'exploration des phénomènes et des êtres que peuvent se manifester nos divers procédés de raisonnement. Pendant longtemps ils restèrent bornés à la déduction où les signes prévalurent. Quoique les deux plus grands philosophes des deux derniers siècles aient concouru, chacun à sa manière, à systématiser l'emploi de l'induction, en montrant l'importance des images, la méthode universelle ne fut définitivement constituée que lorsque la construction fut placée au-dessus de l'induction des principes et de la déduction des conséquences. Un pareil résultat n'a pu être obtenu que lorsque la synthèse subjective eut subordonné au sentiment tous les efforts intellectuels, en mettant la synergie sous la dépendance de la sympathie.

L'essor esthétique et surtout poétique tendit spontanément vers ce résultat, que l'existence pratique avait confusément entrevu, lorsque la science abstraite s'isolait en des préoccupations purement analytiques, autant dépourvues de réalité que de généralité. *Induire pour déduire afin de construire*, telle doit être, après divers essais dus à la poésie et à la pratique, plus encore qu'à la philosophie, restée jusqu'ici essentiellement métaphysique, la formule générale de la méthode positive.

La méthode universelle se trouve ainsi composée de trois éléments : la déduction, l'induction et la construction. On peut immédiatement déduire, quand les inductions n'exigent pas de grands efforts, c'est-à-dire quand les principes sont spontanément saisissables, comme dans le domaine mathé-

matique. L'induction prévaudra lorsque l'institution des
principes présente plus de difficultés que le développement
des conséquences. En dehors du domaine mathématique,
c'est ce qui arrive le plus souvent. « Généralisée par les
vrais philosophes, après avoir surgi chez les véritables
poètes, sous la secrète impulsion des dignes femmes, la
méthode subjective termine l'initiation logique en plaçant la
puissance synthétique au dessus de la faculté analytique. »
La raison se trouve alors vouée au service du sentiment. Si
la science reste aussi peu systématique que la théologie et
la métaphysique, la poésie, au contraire, fournit des
constructions aussi vastes que cohérentes. Telle est la raison
qui devra toujours faire placer l'art au-dessus de la science.

Un certain parallélisme peut s'établir entre les trois
auxiliaires de la pensée, le signe, l'image et le sentiment,
et les trois objets de toute contemplation ou adoration :
l'Espace, la Terre et l'Humanité. On peut aussi rattacher
les trois modes, déductif, inductif et constructif, de la
méthode aux trois parties, logique, physique et morale de
la doctrine. Un tel parallélisme peut servir au perfectionnement de toute systématisation subjective ou objective.
Une inaltérable harmonie vient alors, dit l'immortel auteur,
lier le Grand Milieu, le Grand Fétiche et le Grand-Être
avec les signes, les images et les sentiments, intellectuellement aptes à induire, déduire et construire. Alors, ajoute-
t-il, surgit la véritable science, nécessairement composée
de trois parties où l'esprit théorique apprécie successivement
l'Espace, la Terre et l'Humanité. Tout le savoir théorique
se concentre de la sorte dans la Logique, la Physique et la
Morale. La hiérarchie encyclopédique en sept degrés,
précédemment exposée, aboutit naturellement à ce classement, en combinant les trois éléments de la science inorganique, astronomie, physique proprement dite, et chimie

les trois domaines organiques, biologique, sociologique et moral. La logique constituera un domaine à part, dont l'étude, ainsi que celle de la physique, pourrait être considérée comme préliminaire, l'une comme méthode, et l'autre comme doctrine. La morale, d'après la préparation biologique et sociologique, constituera la science finale.

La substitution de la dénomination de logique à celle de mathématique, affectée à la science fondamentale, essentiellement déductive, a pu paraître étrange à quelques uns. Déjà Condorcet, dit le Maître, en substituant le singulier au pluriel, avait voulu protester à sa manière contre la suprématie à laquelle aspirait l'orgueil déductif. Bornées à la méthode ces prétentions pourraient être sans doute légitimes. La substitution introduite aujourd'hui corrige la disposition encore dominante à vouloir ériger la méthode en science distincte. Elle rend celle-ci inséparable d'une doctrine où la simplicité scientifique permet mieux que partout ailleurs la manifestation des procédés propres à l'entendement. Néanmoins la dénomination de logique, appliquée à la science fondamentale, exige, dit encore le grand novateur, qu'une sagesse systématique y vienne artificiellement rattacher une suffisante manifestation des parties supérieures de la méthode, qui ne furent d'abord caractérisées que d'après des études moins générales et plus compliquées. Les lecteurs de la *Géométrie analytique* n'ont pu oublier les tentatives de classification de surfaces qui y furent faites et l'introduction dans un domaine, qui ne s'y prête que faiblement, des procédés taxomoniques qui n'ont pu être primitivement institués qu'en biologie.

La science de l'Espace, qu'il faut habituellement désormais nommer *logique* au lieu de mathématique, doit beaucoup différer, dit Auguste Comte, dans l'état normal, de ce qu'elle était pendant l'évolution préparatoire, surtout depuis l'invasion de l'anarchie rétrograde que consacre le régime académique. La plupart des spéculations oiseuses qu'elle avait accumulées, dit-il encore, doivent être radicalement écartées comme inutiles à la doctrine et nuisibles à la méthode. Elle se composera toujours de ses trois éléments nécessaires : calcul, géométrie et mécanique. La seule existence commune à tous les êtres se réduit, en effet, aux trois principaux attributs : nombre, étendue et mouvement. C'est dans l'élément moyen que consiste son domaine le plus important, sinon le plus vaste. Le premier en fournit la base et le dernier le complément nécessaire.

Rapportée à sa destination normale, la logique, ou mathématique, élabore de la sorte l'instrument intellectuel, en étudiant les lois numériques, puis géométriques, et enfin mécaniques. Elle montre ainsi la marche de la raison abstraite où chaque pas est précédé d'un plus simple, en remontant jusqu'au point de départ, issu, dès l'âge fétichique, du génie scientifique de l'Humanité. L'initiation théorique de l'individu reproduira de la sorte celle de l'espèce.

Le début de la préparation logique présente deux modes généraux, suivant qu'il se rapporte aux valeurs ou aux relations. Le calcul se divise ainsi en calcul arithmétique et calcul algébrique. Destiné à coordonner les divers éléments de la logique, le calcul algébrique doit conserver une certaine prépondérance, sans chercher cependant à être autre chose qu'un moyen de liaison. S'il faut lui reconnaître une origine abstraite dans les questions numériques, on ne peut lui refuser une source concrète dans les spéculations géométriques. Telles sont, en effet, les deux origines du calcul algébrique, qu'accusent les deux formes qu'il comporte, à l'état de proportion ou d'équation, suivant qu'il émane de la géométrie ou de l'arithmétique. La prépondérance que les modernes ont accordée à la seconde, étendue d'abord à la géométrie, depuis sa constitution cartésienne, et plus tard à la mécanique, montre que l'office de l'algèbre concerne davantage la méthode que la doctrine. Une tout autre destination constitue une véritable usurpation, que consacre la rétrogradation académique, qui confondit toujours l'instrument et le but.

En combinant les signes avec les images, les équations avec leur peinture géométrique, Descartes étendit le champ des spéculations abstraites et prépara l'institution du calcul infinitésimal, complément naturel de la géométrie générale, faute de laquelle l'œuvre du grand philosophe moderne serait restée insuffisante.

Mais, afin que la constitution cartésienne, dont on peut voir l'importance, soit assez caractérisée, il faut insister sur la division que comportent les spéculations géométriques.

Elles restèrent longtemps bornées aux formes fournies par l'observation directe; elles ne s'étendirent jamais au-delà de la ligne droite et du cercle, ou des seules figures pouvant en résulter, d'après l'intersection des surfaces les mieux connues. La géométrie ancienne ne put ainsi s'élever au-delà de quelques solutions spéciales. La géométrie moderne étudiant les sujets, au lieu de s'en tenir aux seuls objets, chercha des solutions pouvant s'appliquer à l'universalité des phénomènes, manifestés dans l'observation de ces derniers. Elle fut ainsi conduite à substituer aux définitions multiples de la géométrie ancienne, des équations, c'est-à-dire des relations abstraites entre les grandeurs, pouvant servir à préciser la situation d'un point, à quelque assemblage qu'il appartînt. On doit alors sentir, dit l'éternel guide, la puissance synthétique du calcul des relations, si irrationnellement qualifié d'analyse, quoique toujours destiné à faciliter les combinaisons quelconques. Faut-il rappeler le sens primitif d'une expression qui, dans la langue à laquelle elle fut empruntée, doit être prise dans une acception tout opposée.

L'algèbre continuera à désigner pour nous l'ensemble du calcul des relations, le qualificatif de transcendant devant être réservé seulement à son développement infinitésimal.

Étendue à la mécanique, dit Auguste Comte, l'algèbre transcendante achève de constituer la philosophie mathématique, en simplifiant et généralisant la relation de l'abstrait au concret. Elle ne se trouve pas moins impuissante à l'égard des questions spéciales que soulève la théorie du mouvement. Elle reste néanmoins, considérée d'une manière générale, un instrument de rationalité, destiné à lier entre eux les trois éléments de la logique : nombre, étendue et mouvement, malgré leur hétérogénéité naturelle. A ce point de vue, la constitution mathématique reste le meilleur type de la vraie rationalité. « L'abstraction s'y borne à généraliser les inductions et coordonner les déductions, afin d'élaborer la méthode universelle. » L'ensemble de la synthèse subjective s'y trouve alors résumée; le calcul peut se rattacher, en effet, à l'Espace; la géométrie à la Terre, et à l'Humanité la mécanique.

Nous nous sommes efforcé de présenter, dans l'ensemble de ces dernières considérations, le résumé de la magistrale introduction donnée à la *Synthèse Subjective*, dont le volume mathématique a été seul ravi à la mort. La grande œuvre du dix-neuvième siècle ne reste pas moins complète. La synthèse subjective nous permet de relier les diverses parties, qui forment un véritable tout, en les rapportant à l'Humanité. Qui pourrait contester l'unité de l'œuvre immense

offerte aujourd'hui à notre admiration ? Une même pensée
a toujours dominé cette vie exceptionnelle : terminer la
révolution moderne, en dissipant le désaccord séculaire qui
règne encore entre l'esprit et le cœur et donner à l'un et à
l'autre un substantiel aliment. Le but a été certainement
atteint.

Il nous reste maintenant à apprécier plus spécialement
l'œuvre mathématique où l'incomparable penseur a montré,
nous osons le dire, toute la puissance de son génie, s'érigeant, avec une juste autorité, en législateur d'une science
dont la constitution finale, préparée par le concours des
plus grands esprits, de Descartes, de Leibnitz, de Lagrange,
ne pouvait émaner que de la philosophie, sous le haut
patronage de la religion.

XV

C'est à son maître de mathématiques, au vénéré Daniel Encontre, son professeur au lycée de Montpellier, plus tard professeur de dogme à la Faculté de théologie protestante de Montauban, qu'il dédie le premier volume de sa *Synthèse subjective*, ou système de logique positive. Les deux volumes de morale, théorique et pratique, de cette œuvre de dernière vie devaient être dédiés à sa mère; le quatrième volume, ou traité d'industrie positive, à M. Mortimer-Terneaux, le grand industriel de la Restauration, son patron et son protecteur. Le premier volume de la synthèse positive a seul paru, avons-nous dit. Jamais maître n'a été plus honoré, n'a été servi par plus éminent disciple. Son nom sera associé au sien dans la reconnaissance de la postérité la plus éloignée et préservé ainsi de l'oubli. Nous avons dit quelle intimité s'était établie entre le professeur et l'élève, par qui il se fit plus d'une fois suppléer dans son enseignement. Dans sa mémorable dédicace, l'élève, devenu le maître des maîtres, nous montre tout ce qu'on eut pu attendre des hautes facultés du modeste professeur, s'il se fut trouvé dans un milieu plus favorable à leur développement. Ni sa rare modestie, ni l'insuffisance d'instruction n'aurait, dit-il, contenu leur essor, si le milieu protestant où il fut appelé à vivre et auquel il consacra sa haute intelligence, ne l'avait tenu éloigné du mouvement philosophique auquel il eut pu dignement s'associer.

Partout, fait observer le grand novateur, où le Protestantisme a pu se développer sans entrave, malgré la sécheresse de son institution, il n'a point cependant étouffé le génie théorique ou pratique, quand la situation sociale s'est montrée favorable. S'il n'a rien produit en France, il faut en chercher la raison dans sa situation exceptionnelle. L'isolement dans lequel se trouvaient les protestants au milieu du peuple central les réduisit finalement à former une vaste coterie, aussi ne purent-ils jamais s'incorporer au mouvement national, soit mental, soit social, qui fut toujours dirigé par l'ensemble des antécédents, spirituels ou temporels, émanés du Moyen-Age. Un tel avortement est certainement de nature à montrer l'influence du milieu sur l'individu; quelque bien doué qu'il soit, il ne saurait s'y soustraire. C'est en la subissant dignement qu'il peut utiliser les avantages d'une organisation qu'il tient de ses prédécesseurs auxquels il doit se sentir de plus en plus lié.

C'est la constitution mentale, autant que le régime de l'avenir, qu'institue ici le grand novateur en abordant sa dernière œuvre. Il se place par la pensée à deux générations en avant de nous, pour éviter toutes les discussions auxquelles il ne veut pas se laisser entraîner. Tous les obstacles qui pouvaient s'opposer à la propagation de sa doctrine ont été écartés dans son esprit; le régime académique a vécu, l'élite des penseurs se trouve désormais ralliée; sa pensée peut se développer librement à la faveur de cet artifice. C'est à l'initiation théorique d'une nouvelle génération qu'il va procéder. Cette jeunesse, qui se présente au temple de l'Humanité, pour recevoir la préparation encyclopédique, a été pendant ses deux premiers septenaires préparée, au sein de la famille, sous la présidence maternelle, à la grande épreuve qui va en faire des serviteurs du Grand-Être. Elle a reçu la double culture morale et esthétique qui a ouvert son cœur et son esprit à toutes les grandes aspirations. Son imagination s'est ainsi enrichie de tous les trésors esthétiques du passé. C'est dans ces conditions qu'elle passe entre les mains d'un sacerdoce qui l'initiera à l'ensemble de toutes les connaissances théoriques. Son esprit s'agrandira dans une préparation où dominera l'abstraction et qui ne durera pas moins de sept ans. Essentiellement analytique, une telle préparation présentera sans doute de grands dangers pour son cœur; mais la pratique du culte intime, sous la présidence maternelle et les grandes cérémonies du culte public, l'en préserveront, si la préparation domestique a été complète. Ce n'est que dans la septième année de l'initiation théorique que l'étude de l'homme moral le replacera au point de vue concret, où il se trouvait au sortir des mains maternelles. Dans cette dernière année, d'analytique qu'elle a été jusqu'ici. l'initiation prendra un caractère de plus en plus synthéthique. On ne peut lire qu'avec le plus grand intérêt les conseils que donne ici le Maître, pour préserver une jeunesse studieuse des dangers auxquels sa moralité va se trouver exposée pendant tout le cours d'une préparation qui ne s'adressera guère qu'à l'esprit, et qui exige des efforts soutenus, si propres à éveiller les deux plus redoutables stimulants de la personnalité : l'orgueil et la vanité.

C'est par l'exposition des quinze grandes lois de philosophie première, dont nous avons donné le tableau, que commence l'initiation théorique. Cette exposition a été précédée de deux leçons sur l'abstraction; elle sera suivie d'une leçon destinée à instituer la hiérarchie abstraite, en sept degrés, de l'échelle encyclopédique. Après cette exposition s'ouvre cette série de cours qui, s'élevant de l'étude des phénomènes les plus simples et les plus généraux, à celle des plus complexes et des plus spéciaux, de l'étude du nombre, de l'étendue et du mouvement, à celle de l'homme moral, en d'autres termes de la logique à la morale proprement dite.

Sept traités, destinés à diriger des professeurs synthétiques, parlant à des élèves sympathiques, constituent la hiérarchie abstraite des sciences positives. Le premier volume de la *Synthèse Subjective* qui a été seul écrit, différera, dit l'immortel auteur, de tout ce qui a été enseigné jusqu'ici concernant les études mathématiques. S'érigeant en législateur de la science fondamentale, il lui donne sa constitution finale. Qu'on nous permette de rappeler en passant la belle lettre de Lagrange à d'Alembert, que nous avons déjà citée : L'ère mathématique pour lui est close, le sujet est désormais épuisé. Rejetant tous les travaux oiseux, que l'anarchie académique a entassés depuis cette mémorable déclaration, le traité de philosophie mathématique sera une condensation où rien d'essentiel n'aura été négligé. Ce mémorable traité a été lu, comme on peut en avoir la preuve chez l'éditeur. Avec la bonne foi qui caractérise les maîtres du jour, plusieurs de ses plus remarquables aperçus lui ont été empruntés sans qu'on ait eu soin d'en indiquer la source, ainsi que l'exigeait la plus vulgaire moralité.

Le traité de logique se divise en sept chapitres, affectés aux sept degrés de l'enseignement mathématique : arithmétique, algèbre spéciale, géométrie spéciale, géométrie générale, géométrie différentielle, géométrie intégrale, et mécanique. D'un enseignement magistral, relatif à la doctrine, se dégageront les procédés, autant déductifs qu'inductifs, qu'emploie l'esprit humain dans l'exploration des divers domaines naturels où dans l'institution de ses conceptions quelconques. Quoique essentiellement déductif, l'enseignement mathématique pourra néanmoins nous initier aussi à la connaissance des divers modes d'induction. S'ils ne se manifestent pleinement que dans les degrés supérieurs de la hiérarchie scientifique, on peut en indiquer les germes dans la science fondamentale, où ils peuvent être dès lors institués. Le titre de logique affecté à la science fondamentale est ainsi pleinement justifié.

Limité à l'étude du nombre, de l'étendue et du mouvement, la Logique constitue un tout dont les diverses parties sont solidaires. Cette solidarité se manifeste encore davantage lorsque l'étude du nombre est considérée sous les deux aspects qui lui sont propres, suivant qu'elle a en vue le calcul des valeurs ou celui des relations, c'est à-dire suivant qu'elle est arithmétique ou algébrique. Véritable instrument logique, l'algèbre, avons-nous dit, constituera de la sorte le lien qui rattache entre elles les diverses parties d'un enseignement qui resterait sans cela trop dispersif.

Consacré à l'arithmétique, le premier chapitre du nouveau traité constitue en lui-même une œuvre d'une originalité sans antécédents. C'est l'histoire et la théorie du nombre qu'on y trouve exposées. Si nous devons aux deux plus grands philosophes du XVIIe siècle les institutions connexes de la géométrie générale et du calcul infinitésimal, c'est encore du génie philosophique que nous voyons surgir de nos jours la théorie du nombre. Plus subjective qu'objective, son institution a été viciée par le régime académique au point de laisser encore ouvertes toutes les divagations métaphysiques qui y ont dominées. Qui ne lira avec intérêt la belle théorie qui forme l'introduction du chapitre initial du nouveau traité. Essayer seulement d'en donner un aperçu serait trop sortir des limites d'une Notice déjà très étendue. C'est sur cette introduction que s'élève

tout le calcul des valeurs si confusément présenté encore
par nos professeurs officiels.

Nous ferons remarquer la substitution, à la base dix, de
la base sept, qu'introduit le grand penseur dans le système
de numération. La théorie subjective des nombres montre
les propriétés du nombre sept, qui est le plus grand des
nombres non divisibles que l'esprit humain a pu, à ses
débuts, embrasser sans le secours de signes spéciaux.
L'obligation de toujours subordonner l'abstrait au concret
réclamait naturellement la conciliation des deux numé-
rations abstraite et concrète, ce qui n'est devenu possible
qu'en changeant la base jusqu'ici adoptée. La raison
vulgaire a montré en diverses occasions combien fut
irrationnelle la tentative faite en sens contraire, à la fin du
siècle dernier, en subordonnant le concret à l'abstrait. La
décade s'effaça bien vite devant la semaine qui, dans la
vie civile, restera l'unité de temps.

Quoiqu'il soit souvent impossible de séparer le calcul
des valeurs de celui des relations, l'arithmétique ne
comporte pas moins une institution distincte. On ne pourrait
en dire autant de l'algèbre dont les principales théories se
sont progressivement dégagées de la souche géométrique.
Ses doctrines, dépourvues de réalité propre, se bornent
toujours, dit le grand novateur, à manifester les conséquences qui résultent des relations qu'elles supposent entre
des grandeurs arbitraires, sans même examiner si les
différentes hypothèses qu'elles admettent sont réalisables.
Ses prétentions à la présidence théorique découlent de son
caractère, en lui-même indéterminé, qui semble l'autoriser
à s'appliquer à tout. C'est dans ces prétentions, dit le
Maître, qu'il faut chercher la source du matérialisme
abstrait, qui consiste, au fond, à vouloir traiter les spéculations supérieures comme de simples conséquences des

inférieures, en méconnaissant leur indépendance inductive.

Tous les phénomènes naturels, impliquant l'idée de relation, seraient à la rigueur susceptibles d'équation, si ce n'était leur complexité. Le domaine algébrique devra toujours rester limité aux phénomènes de l'étendue et du mouvement, en raison de leur simplicité relative. La substitution des équations aux proportions différentie l'algèbre grecque de l'algèbre moderne. Elle devait conduire à la forme sous laquelle les équations sont aujourd'hui étudiées et qui reste la plus convenable à leur comparaison. Toute idée de relation se trouve ainsi ramenée à celle de combinaison. Celles-ci supposent toujours une distinction nécessaire entre les constantes et les variables qui y figurent. Cette distinction, sur laquelle repose tout le calcul des relations, n'exige pas moins entre les quantités considérées un certain degré d'indétermination, puisqu'on fait abstraction de leurs valeurs. Cet état d'indétermination permet de les soumettre uniformément aux règles du calcul, en écartant toutes les considérations numériques, sans se préoccuper des anomalies que peut susciter la généralité des transformations auxquelles elles restent soumises. Les géomètres qui s'obstinent encore à vouloir justifier certains résultats de calcul, sont loin d'avoir saisi toute la portée de ces diverses considérations.

Si les phénomènes quelconques, disons-nous, peuvent être considérés comme susceptibles d'équation, une appréciation inverse fait rentrer l'idée d'équation dans celle de *loi*, puisque la loi suppose la constance dans la variété. Cette notion fondamentale implique, en effet, la considération de plusieurs grandeurs variant simultanément en conservant une relation déterminée, tandis que certains éléments restent toujours fixes. Réduite à sa moindre complication, l'équation ou loi, dit Auguste Comte, doit renfermer deux variables, l'une indépendante, l'autre dépendante, combinées avec une seule constante, suivant le type qui résulte de la chûte des corps.

En laissant à l'algèbre sa destination la plus générale, l'étude des relations, on est conduit à la division fondamentale qu'elle comporte, suivant que les relations restent directes ou indirectes, d'où l'algèbre élémentaire et l'algèbre transcendante, empiriquement qualifiée d'analyse, comme nous l'avons dit précédemment.

Je viens de montrer dans quel esprit a été écrit le chapitre algébrique du précieux volume. Ce serait sortir des limites de cette Notice que de vouloir pousser plus loin une pareille étude. Je ne puis me dispenser cependant de faire connaître les raisons qui ont motivé la substitution du mot de *formation* à celui de *fonction* que semblait consacrer cependant des œuvres de la plus haute portée. Après avoir écarté, dit Auguste Comte, la qualification d'*analyse*, attribuée vicieusement à l'algèbre, on doit bannir un autre terme également impropre. Il fait remarquer, envers le mot *fonction*, le silence gardé par les biologistes sur l'usurpation des géomètres. Faute de discipline philosophique, les uns purent impunément envahir le domaine supérieur, et les autres n'osèrent même pas réclamer. A la vicieuse expression qui doit être bannie, il faut substituer une dénomination mieux affectée à son office mathématique, en regardant la viariable *dépendante* comme une *formation* de la variable *indépendante*. Les deux mots se trouvent heureusement affectés de la même initiale dans toutes les langues occidentales. Il importe encore de comparer cette dénomination finale à celle plus explicite de *formule*. Leur rapprochement fait directement ressortir leur différence ; le mot de formation convient à toute dépendance tant implicite qu'explicite; celui de formule ne doit au contraire être appliqué que lorsque la formation est devenue ouvertement appréciable. Il en constitue pour ainsi dire l'expression.

Les quatre chapitres suivants de la logique sont consacrés à la géométrie, qui forme la partie principale du domaine mathématique. Les théories algébriques, qui constituent ce qu'on a qualifié de théorie générale des équations, ayant été suscitées par l'essor progressif de la géométrie, elles ont dû être rattachées, en conséquence à la géométrie générale.

L'étude abstraite des lois de l'étendue doit être ici rapprochée de sa destination concrète; elle implique toujours l'idée de mesure. Cette notion comporte toujours trois cas bien distincts, suivant qu'elles se rapportent aux lignes, aux aires et aux volumes. La mesure ne peut être, le plus souvent, qu'indirecte et doit toujours aboutir à la comparaison de deux grandeurs rectilignes. Tel est l'esprit qui doit présider à toutes les spéculations relatives à l'étendue. On doit faire remarquer le caractère concret que prend la géométrie comparée à l'algèbre, dont les hypothèses quelconques, presque toujours dépourvues de réalité, restent essentiellement abstraites. La mesure de l'étendue ne peut être abordée directement; elle exige, en effet, pour chacune des formes considérées, une appréciation spéciale de leurs propriétés, dont l'étude constitue un véritable préambule. Une telle étude peut comporter des développements indéfinis, qu'il faut nécessairement limiter à ce qu'exige la mesure proprement dite. Sauf la ligne droite et le cercle, l'étude de toutes les figures réclame une telle préparation. Les types naturels qui se présentent les premiers à l'observation ne sauraient donner lieu qu'à des notions spéciales; aussi l'extension du domaine géométrique exige-t-elle que ces types soient complétés par l'annexion de types artificiels.

Il est nécessaire maintenant de rappeler que la géométrie comme l'arithmétique et, plus directement, la mécanique, est fondée sur l'observation extérieure. Même quand les types artificiels proviennent des équations, ils n'échappent pas à cette dépendance puisqu'on ne saurait les concevoir ou les élaborer sans les théories de la ligne droite et du cercle, dont l'origine objective n'est point douteuse. Leur étude a graduellement dégagé la géométrie de la spécialité que devait y maintenir la considération exclusive des formes rectilignes et circulaires. Étendues à toutes les figures, les spéculations géométriques acquièrent ainsi une généralité à laquelle elles ne pouvaient autrement prétendre. C'est à cette condition que la science de l'étendue s'applique à toutes les figures que l'appréciation concrète fait surgir, et dont l'étude resterait toujours incomplète, si elle n'était préparée par celle des propriétés, considérées indépendamment des formes. Rapportée à sa destination finale, la géométrie devra donc traiter toutes les questions uniformes que présentent les figures qu'elle considère. C'est ainsi qu'une géométrie générale, qualifiée improprement d'analytique, a pu s'élever sur la géométrie spéciale, toujours limitée à la considération des formes élémentaires.

Pendant toute la durée du Moyen Age, fait remarquer Auguste Comte, les études géométriques furent délaissées, même chez les Orientaux. C'est que les spéculations relatives aux formes élémentaires, qu'avait cultivées la science grecque, étaient épuisées et que l'algèbre n'était pas suffisamment avancée pour permettre l'institution d'une géométrie générale.

C'est au génie philosophique, par son principal organe, qu'était réservée cette institution. Les progrès spéciaux, que suscita la conception cartésienne, dans le calcul et la géométrie, eurent pour effet, chose triste à dire, de détourner de son examen direct l'attention des géomètres. Comme nous l'avons dit, elle s'en éloigna encore davantage quand l'élaboration de la mécanique céleste vint remplir le siècle qui suivit cette fondation. Faut-il s'étonner si la déviation académique méconnaît encore aujourd'hui la distinction antérieurement établie entre la géométrie générale et la géométrie spéciale.»

Entre l'institution de l'Espace, qui précéda celle des dieux, et la fondation de la géométrie cartésienne Auguste Comte fait un rapprochement qu'il faut ici signaler : « Dès la fin de l'âge fétichique, l'essor théorique commence à s'élever du nombre à l'étendue. On voit alors surgir l'institution de l'espace pour développer le second mode ou degré de la contemplation abstraite, envers lequel les signes, qui suffisent au premier, deviennent insuffisants. Il faut ici considérer cette institution de l'espace comme spontanément liée à la géométrie, dont elle constitue à la fois la base essentielle et le principal résultat. Cette institution, instinctivement surgie au début de la seconde enfance, a naturellement conservé jusqu'à la fin de son évolution préliminaire un caractère objectif comme sa destination scientifique. » C'est ce qui ne pourrait être compris sans une théorie de l'évolution historique.

De cette primitive institution se dégage un enseignement : c'est notre disposition à juger extérieure toute construction intérieure. Tout le relativisme est en germe dans cette institution, universellement jugée objective, quoique essentiellement subjective et qui a précédé l'avènement de toute croyance théologique. « Fondée sur l'institution du grand milieu, c'est-à-dire de l'Espace, celle des types artificiels tendit à consolider et développer sa destination géométrique. » Dépourvus de sièges objectifs, ces différents types ne peuvent être conçus qu'en restant eux-mêmes subjectifs.

On voit ainsi surgir la connexité ci-dessus annoncée entre l'avènement de l'Espace et celui de la géométrie générale, qui constituent les deux termes de l'évolution préliminaire du principal élément de la logique. Sous l'assistance de l'Espace, la géométrie peut directement considérer les types artificiels quelconques et rendre ainsi générales toutes les solutions sans s'astreindre à la considération des formes.

Le domaine géométrique ainsi considéré se décompose, avons-nous dit, en deux parties, l'une préliminaire et spéciale, l'autre définitive et générale. Un lien spécial les rattache directement, c'est la loi du signe sans laquelle la rénovation cartésienne eut été impossible. A l'opposition de sens, il faut rattacher toujours l'opposition de signe. Essentiellement inductive, une pareille loi permet de compléter la logique mathématique en introduisant les images dans un domaine où dominait exclusivement le signe. L'équation, sans perdre sa généralité abstraite, reçoit ainsi une représentation concrète. Tel est le début, fait remarquer le grand novateur, de la synthèse subjective où toutes les notions spéciales doivent de plus en plus se subordonner aux conceptions générales dont la subjectivité ne saurait jamais rester méconnue.

La philosophie géométrique se complète par l'essor d'une dernière classe de spéculation où se combinent les deux points de vue objectif et subjectif. Elle fait surgir la classification des surfaces en inaugurant ainsi la méthode comparative. Deux grands noms s'y trouvent associés, ce sont ceux d'Euler et de Monge. Rapportée à sa constitution normale, la géométrie se trouve ainsi composée de deux domaines essentiels, l'un spécial, l'autre général, suivis d'un complément qui les lie en suscitant l'essor comparatif.

« Historiquement jugée, dit toujours le Maître, l'évolution mathématique et surtout géométrique offre, dans son ensemble, un spectacle satisfaisant et même honorable pour l'intelligence humaine. » Il serait impossible, fait-il encore remarquer, de la juger et de la comprendre en l'isolant de la préparation humaine. La lenteur du mouvement géométrique dans les siècles passés ne peut être, en effet, expliquée qu'en montrant sa dépendance à l'égard du mouvement social. En écartant cette influence, on ne pourrait comprendre pourquoi les anciens n'ont pu représenter par des équations, non seulement la ligne droite et le cercle, mais encore toutes les courbes qu'ils ont étudiées et dont la définition équivalait déjà à leur équation. Le retard des deux autres constructions théoriques qui précédèrent de quelques années seulement l'institution cartésienne ne saurait comporter une autre explication. L'institution du mouvement terrestre et la coordination des orbites planétaires ne présentaient point des difficultés spéciales qui durent retarder leur avènement jusqu'au xviie siècle. Tous les progrès astronomiques et mathématiques, qu'exigeait ce double essor, étaient assez accomplis dans l'antiquité pour qu'il y pût surgir, si l'opportunité philosophique et sociale eût été alors suffisante. » Qui ne voit la dépendance de tous les progrès scientifiques à l'égard du mouvement humain, tous contenus dans leur essor, jusqu'à ce que l'épuisement de la synthèse absolue et le besoin d'élaborer une synthèse relative en eussent permis et stimulé le développement.

XVI

L'institution de la géométrie générale exige des relations
définies et fixes entre les éléments des diverses figures considérées. De telles relations doivent entraîner naturellement l'idée
d'équation. Inversement on peut concevoir toute équation
comme susceptible d'une figure; au signe s'ajoutera ainsi
l'image. Les types artificiels, d'une nature nécessairement
subjective, ne peuvent être représentés que dans l'espace, où
ils laissent leur empreinte. Celui-ci les conserve pour nous les
fournir, pour ainsi dire, au gré de nos désirs; on peut donc
le supposer bienveillant, conformément à son institution
subjective. Ainsi se trouvent associés les signes, les images
et les sentiments qui vont nous inspirer et nous soutenir dans
le cours de nos conceptions, même les plus abstraites. La
synthèse subjective reçoit de la sorte une première ébauche
qui se complètera plus tard lorsque la hiérarchie abstraite
atteindra son terme extrême, la morale proprement dite. Le
concret et l'abstrait se confondront alors en des conceptions dès lors pourvues d'une pleine maturité.

La pensée du grand philosophe, qui institua la géométrie
générale, exige encore un complément.

Toute comparaison de points, pour être efficace, doit être
réduite à des comparaisons de nombre. On ne peut, en
effet, assujettir au calcul que des notions de grandeurs,
auxquelles il faut ramener les idées de forme par des considérations de position. L'institution des coordonnées devient
ainsi une chose nécessaire à la constitution de la géométrie générale. Une foule de constructions peut convenir

à une telle institution ; on pourra alors choisir, parmi tous
ces modes, celui qui conviendra le mieux à l'établissement
des équations, c'est-à-dire de la relation constante qui doit
toujours exister entre les éléments d'une même figure. Le
plus souvent la définition même du type considéré permet
le mode le plus favorable, sauf à le ramener, par des transformations ultérieures, à celui qui sera le plus apte à la
discussion. L'institution des coordonnées resterait néanmoins souvent insuffisante si l'opposition de sens n'était
accusée par celle du signe. Tel est le principe inductif
institué à cet effet par le novateur cartésien.

Quoiqu'on ne puisse, dit Auguste Comte, regarder
aucun système de coordonnées comme mieux adopté qu'un
autre à l'institution algébrique des lignes et des surfaces, il en est un qui mérite la préférence, c'est celui des
coordonnées rectilignes et même rectangulaires. Toute
intersection de deux droites ou de trois plans est, en effet,
très facile à concevoir. Un tel système de coordonnées se
prête d'ailleurs mieux que tout autre à la représentation,
surtout si l'image doit s'étendre aux quatre régions du plan
ou aux huit de l'espace.

Si le principe cartésien peut s'étendre aussi bien aux
surfaces qu'aux lignes, il n'est pas moins certain que la
multiplicité des variables se prête moins à la représentation de la notion de loi. On ne peut guère saisir, en
effet, la constance à travers la variété, qui est le caractère
de la loi, qu'en se bornant à comparer deux changements
simultanés dont l'un dépend de l'autre. Bien qu'elle dût
s'étendre également aux surfaces, l'institution cartésienne,
limitée aux lignes, a l'avantage de mieux répondre à sa
destination qui consiste à nous élever à une notion implicitement contenue dans celle d'équation.

Si l'on ne peut méconnaître les progrès que l'algèbre

suscita en géométrie, il est certain que le développement
de la géométrie générale fut plus favorable à ceux de
l'algèbre dont les théories ultérieures rappellent toujours
l'influence géométrique. L'enceinte mathématique, fait
observer Auguste Comte, nous a montré la géométrie,
fournissant à l'algèbre, avec le but, des inspirations directement capables de développer ses spéculations en améliorant ses conceptions. Telles sont les raisons qui ont
motivé l'adjonction, à titre d'appendice, au chapitre géométrique, de tout ce qui est communément désigné sous la
qualification de théorie générale des équations. L'institution de la géométrie générale fait ainsi ressortir la nécessité de la subordination de l'abstrait au concret qui se
manifestera de plus en plus dans le cours de l'initiation
encyclopédique où elle devient indispensable lorsque la
hiérarchie scientifique atteint son terme extrême, la morale
théorique. L'institution algébrique ne devra être conçue
désormais que comme destinée à seconder l'élaboration
géométrique qu'elle ne devra jamais vouloir dominer.

Après avoir montré le matérialisme abstrait, cherchant
une consécration dans la suprématie qu'aspire à exercer
l'algèbre sur nos diverses conceptions, considérées comme
pouvant donner lieu à une équation, il importe de signaler
aussi le matérialisme concret, visant par la géométrie et la
mécanique à une domination analogue. Il faut, en effet,
regarder les prétentions de la géométrie et de la mécanique, dans leurs aspirations à la présidence encyclopédique, comme aussi irrationnelles que celles de l'algèbre.
Une pareille présidence ne peut émaner ni de l'algèbre ni
de la géométrie, quelles que soient leurs prétentions à cet
égard. C'est de la science finale qu'il faut attendre l'institution d'une synthèse générale, essentiellement subjective,
seule capable, sous la suprématie du sentiment, de diriger

nos efforts théoriques et de coordonner, en vue de leur commune destination, nos conceptions quelconques, tant abstraites que concrètes.

Dans l'œuvre que nous analysons ici et à laquelle nous devons renvoyer le lecteur pour de plus amples développements, on trouvera une belle réfutation du reproche de matérialisme adressé au Positivisme. Sa position est désormais bien indiquée entre le spiritualisme, qui s'affranchit de toute dépendance à l'égard des phénomènes inférieurs, et le matérialisme qui se jette dans l'excès contraire.

« Après que le principe cartésien, dit le Maître, eut institué la géométrie générale, la conception leibnitzienne devint bientôt nécessaire pour la constituer. » Entre ces deux conceptions, d'importants travaux furent accomplis, les uns pour compléter la première et les autres pour préparer la seconde. Ils eurent respectivement pour but l'étude des propriétés des figures et la mesure de l'étendue. Qu'on ne perde jamais de vue que c'est aux deux plus grands philosophes modernes qu'on doit la fondation de la géométrie générale et la création du calcul infinitésimal, l'une venant, sans rien de fortuit, comme complément de l'autre. Il y a lieu, toutefois, pour bien se rendre compte de l'esprit qui a présidé à ces deux fondations, de distinguer le calcul des relations directes ou indirectes, de la méthode infinitésimale proprement dite. Celle-ci fut en quelque sorte spontanée et on peut dire inspirée dans l'antiquité par la théorie corpusculaire qui la précéda, dit Auguste Comte, de deux siècles. Elle fut due à la réaction de la physique sur la logique. Mais il faut, dit encore le Maître, pour en trouver l'origine, remonter jusqu'à la morale, où la théorie corpusculaire résulte elle-même de la décomposition instituée par la théocratie des peuples en familles, première source de toute liaison d'un ensemble à ses parties. On peut ainsi rattacher la méthode infinitésimale aux conceptions les plus élevées et les plus anciennes. En substituant cependant les parties aux touts, on n'aurait, en aucune façon, facilité l'établissement des lois générales, si les unes devaient être traitées entièrement à la manière des autres. On doit ici négliger l'influence mutuelle des divers éléments qui ne doit être rétablie que lorsqu'on apprécie l'ensemble. La science grecque utilisa certainement la méthode infinité-simale à laquelle, on ne peut le méconnaître, elle dut ses plus importants succès.

La conception leibnitzienne n'a fait, au fond, que systé-matiser ce que toute l'antiquité avait déjà conçu. Au génie mathémathique, il n'a manqué alors, ainsi que le dit l'in-comparable novateur, que la stimulation sociale pour par-courir ses différentes phases. Mal appréciée, cette concep-tion fut déclarée insuffisante, irrationnelle même, durant l'insurrection de l'abstrait contre le concret. Rattachée à sa source, à la fois historique et logique, elle doit reprendre désormais son primitif ascendant. Son vrai caractère fut presque toujours méconnu dans l'anarchie académique, qui suivit de très près l'institution du calcul, qu'elle avait, en quelque sorte, préparé. Tous les succès du nouveau calcul dépendent de la faculté qu'il procure de pouvoir remplacer, sous des conditions convenables, les éléments naturels par des éléments artificiels, dont les relations sont plus simples, plus générales et plus saisissables. Mais ces relations étant toujours indirectes, leur emploi devait finalement susciter un calcul propre à diriger l'élimination des grandeurs ainsi introduites.

Le principe leibnitzien est fondé sur une induction, comme le principe cartésien, relatif à l'opposition de sens correspondant à celle des signes et sur laquelle s'élève la géométrie générale. Directement considéré, fait remarquer Auguste Comte, il consiste dans la faculté de substituer l'une à l'autre deux variables, dont la différence est infiniment petite par rapport à chacune d'elles. Telle est la formule sous laquelle doit se présenter désormais un principe essentiellement inductif, dont la portée, avant que le Positivisme l'eut définitivement fixée, ne fut bien comprise, on peut le dire, que par son immortel auteur. D'après un tel principe, il devient facile d'instituer la coordination des divers degrés des infiniments petits, suivant les deux modes, abstrait ou concret. L'échelle infinitésimale, en effet, peut être formée soit géométriquement par des différentiations successives, soit algébriquement d'après les puissances également successives des infiniment petits. Le passage suivant de l'immortel traité achèvera de fixer le caractère de la géométrie leibnitzienne : « La supériorité des équations indirectes sur les équations directes, ne consiste pas seulement en ce qu'elles sont naturellement plus simples, en rendant *rectilignes* des éléments immédiatement *curvilignes*. On les voit aussi doués d'une plus grande généralité, puisque la même relation s'y trouve successivement commune à tous les cas objectifs d'une même théorie subjective. »

Ces diverses considérations mettent fin au conflit insurmontable, dit encore Auguste Comte, qui régna entre la théorie et la pratique du calcul transcendant. Toutes les applications étaient dirigées par la conception infinitésimale, tandis que l'enseignement la proclamait irrationnelle.

L'institution leibnitzienne fait suite immédiatement à celle de Descartes. Celle de Newton, suscitée par la fondation de la mécanique céleste, n'en a point l'originalité et ne saurait en montrer la filiation logique. Présentée sous ses deux modes, elle n'a pu répondre aux exigences du calcul que par les altérations que lui fit subir la dévia-

tion officielle, sous prétexte de précision. Son insuffisance à cet égard suscita un nouveau mode plus rationnel,
mais qui consacrait l'insurrection des géomètres contre
l'institution leibnitzienne. La méthode des dérivés, que
nous n'avons pas à examiner ici, ne pouvait que consacrer
la prépondérance de l'analyse sur la synthèse, en voulant
établir déductivement ce qui ne pouvait l'être qu'inductivement. Malgré toute l'admiration que professe le législateur mathématique, pour son éminent auteur, elle n'en
est pas moins qualifiée par lui d'insurrection directe,
ouverte et complète. On peut même, ajoute-t-il, la taxer
de violente, d'après la qualification, non moins irrévéren-
cieuse qu'injuste qui caractérise le jugement porté sur la
conception leibnitzienne.

L'exposition du calcul transcendant consacre cinq leçons
à son développement algébrique, dont trois à la différentiation, tant explicite qu'implicite, et huit au développement géométrique. Ces huit leçons forment la partie
concrète du calcul transcendant. Toutes les questions que
n'a pu résoudre l'algèbre, associée à la géométrie, spéciale
ou générale, peuvent trouver ici des solutions satisfaisantes. Quoique l'immortel législateur de la science fondamentale ait pu, dans un traité spécial, utiliser les ressources propres à cette association pour fonder une
géométrie comparée, en instituant une classification des
surfaces, une semblable institution ne pouvait cependant
être abordée, avec toute la généralité qu'elle comporte,
qu'en recourant au calcul transcendant. Conçue avec toute
l'ampleur philosophique qui lui convient, elle constitue le
meilleur titre de notre éminent Monge, auprès de la postérité.

En rapprochant les deux grandes figures de Descartes
et de Leibnitz, on ne saurait méconnaître la continuité de

leur action pour fonder une géométrie subjective. Ce
qui peut surprendre, c'est le long intervalle qui sépare
les deux fondations, dont l'une cependant semble être
commandée par l'autre. On trouve l'explication de ce
phénomène historique dans la prépondérance que prit,
sans rien de fortuit, le mouvement concret sur l'abstrait,
à la suite des mémorables découvertes de Kepler et de
Galilée. Tous les grands esprits dans l'intervalle des deux
institutions, cartésienne et leibnitzienne, se tournèrent
spontanément vers la fondation de la mécanique céleste.
L'algèbre se trouva en retard pour les services qu'on
attendait d'elle. Imparfaitement pénétré de l'importance
de la fondation cartésienne, Newton, en instituant, à sa
façon, le calcul infinitésimal, n'y vit qu'un instrument dont
il avait besoin pour fonder la mécanique céleste. Son
manque de loyauté à l'égard de Leibnitz, montre, comme
nous l'avons dit, qu'il méconnut la filiation logique de
deux grandes conceptions, dont l'une ne fut que la conséquence de l'autre.

Le calcul intégral constitue la partie principale de la
géométrie transcendante. C'est la mesure de l'étendue
qu'il a en vue, but suprême de la géométrie. Toutes les
études qui précèdent peuvent être finalement considérées
comme autant de préparations à cette dernière. Mais lorsqu'on aborde un pareil sujet on ne tarde pas à reconnaître
qu'ici, plus encore que dans les autres domaines mathématiques, les efforts subjectifs, pour me servir du langage
de l'éminent législateur de la science fondamentale, restent toujours inférieurs aux difficultés objectives, d'où la
nécessité de reconnaître que nos spéculations abstraites
sont moins destinées à perfectionner nos connaissances
scientifiques qu'à développer nos moyens logiques.

Si la généralité est le caractère des équations différen-

tielles, elle disparaît dans l'intégration qui ne s'accomplit
le plus ordinairement qu'en des cas spéciaux. Nous ne
pouvons suivre l'immortel auteur dans toutes ses considérations sur la philosophie mathématique; elles concourent
à nous présenter la science fondamentale, comme destinée
surtout à préparer la synthèse subjective, en lui fournissant une base nécessaire, sans pouvoir toutefois consacrer
suffisamment la subordination de l'abstrait au concret.
Une telle subordination ne peut se manifester pleinement
que dans le domaine final, c'est-à-dire dans la science de
l'homme, dans la morale théorique, quand la science vient
se fondre dans le plus important des arts, l'art gouvernemental.

La constitution de la géométrie intégrale est à la fois
abstraite et concrète. Les deux parties qu'elle présente sont
consacrées, l'une au domaine subjectif, l'autre à un complément objectif. Le domaine subjectif se subdivise, selon
que l'intégration est explicite ou implicite. A l'intégration
explicite se rattachent toutes les questions relatives aux
rectifications, aux quadratures, aux cubatures de types
quelconques. Des études plus spéciales dans leur objet,
dit Auguste Comte, et plus générales dans leur élaboration,
font suite à l'intégration implicite. Elles concernent toutes
les espèces de lignes, et consécutivement les familles de
surface. Toutes les études géométriques, après cette double
préparation abstraite, viennent ainsi converger vers leur
destination finale, la mesure de l'étendue. Si l'intégration
des formules reste déjà au-dessous de sa destination spéciale, l'intégration des équations est encore moins satisfaisante pour la solution des principaux problèmes qu'elle
fit graduellement surgir. D'ailleurs, quoique l'intégration
implicite doive se rattacher dogmatiquement à la géométrie,
il ne faut pas perdre de vue que sa principale destination

la rattache à la mécanique où elle trouve sa meilleure application. Ainsi restent légitimés les efforts qu'elle suscita et qui sans cela pourraient paraître oiseux. Considérés dans leur ensemble, les différents procédés auxquels a donné lieu l'intégration implicite, sont éminemment propres à montrer aux vrais penseurs que l'esprit humain a atteint ici des limites qu'il ne peut dépasser. « Rien ne peut mieux, ajoute le grand penseur, confirmer le besoin continu d'une discipline philosophique, fondée sur la destination sociale des travaux spéculatifs. On vit, dit-il, au milieu des inquiétudes, irrévocablement surgies envers les plus grands intérêts de l'Humanité, des esprits exclusivement voués, par de vils motifs, à des abstractions nécessairement épuisées, où la médiocrité fait aisément illusion. » Ces dernières réflexions ne peuvent que nous rappeler la mémorable sentence de Lagrange sur l'épuisement définitif des conceptions mathématiques, et sur la nécessité de tourner ailleurs nos efforts spéculatifs.

XVII

Le nombre, l'étendue et le mouvement, tel est le domaine
de la Logique, pour me servir d'une expression désormais
consacrée. Les motifs qui ont retardé jusqu'au xviie siècle
l'institution de la législation planétaire, sont aussi ceux qui
ont contenu jusqu'alors l'avènement de la mécanique
rationnelle. *Les mémorables travaux de Képler, de Galilée,
de Huygens, en ont fourni les principes inductifs,* mais les
retards de l'algèbre devaient en arrêter la systématisation.
Il en est tellement ainsi, que lorsque Leibnitz complétait
l'œuvre de Descartes, par l'institution du calcul infinitésimal, Newton en trouvait l'équivalent pour fonder la
mécanique céleste, en méconnaissant la filiation mathématique. Sauf quelques aperçus dus au génie d'Archimède,
la théorie du mouvement et celle de l'équilibre, qui s'en
déduisait, devait rester inconnue des anciens.

Nous avons montré les prétentions de l'algèbre à la
suprématie intellectuelle. La fondation de la mécanique
rationnelle sembla les encourager, en appliquant au mouvement son aptitude logique, restée d'abord limitée à
l'étendue. De pareilles prétentions semblaient de la sorte
justifiées. Ainsi furent encouragés tous les efforts des géomètres pour ériger l'algèbre en une sorte de science universelle, destinée à cultiver la méthode, indépendamment
de toute doctrine. Rien ne pouvait faire mieux sentir la
nécessité de la synthèse subjective *pour contenir de sem-*

blables espérances. Le matérialisme concret qui semble
trouver une consécration dans les secours que l'algèbre
vient prêter à la mécanique, n'est pas plus justifiable que le
matérialisme abstrait, dont nous avons montré l'origine
en géométrie. Il y a lieu ici de signaler les conséquences
des illusions algébriques, dans la tentative du plus grand
géomètre du siècle dernier, pour élever sur des considérations purement abstraites, la théorie de l'équilibre et du
mouvement. La déduction fut ainsi substituée à l'induction
en méconnaissant les bases concrètes sur lesquelles repose
l'institution de la mécanique générale.

Si les croyances spontanées de l'esprit humain sur
l'activité de la matière furent refoulées ou contenues par
la théologie, l'institution du double mouvement terrestre,
auquel se rattache tout mouvement partiel, rendit à la
matière son activité méconnue. Ainsi ressort la connexité
nécessaire, à la fois théorique et dogmatique, qui existe
entre l'institution de la mécanique générale et l'émancipation de la raison humaine. « Avant, dit Auguste Comte,
que la mécanique eut convenablement surgi, l'esprit
mathémathique, réduit au dualisme entre le calcul et la
géométrie, ne pouvait offrir qu'une combinaison essentiellement immobile, dépourvue de liaison scientifique et par
suite logique, avec l'ensemble de l'essor théorique. C'est
pourquoi, ajoute-t-il, son évolution était jusqu'alors restée
sincèrement compatible avec l'ascendant universel du
théologisme, ou de l'ontologie, malgré le contraste des
méthodes. » Restant dans le même ordre d'idées, il y a
encore lieu de faire remarquer que si le calcul et la géométrie font sentir l'existence des lois subjectives, la mécanique suscite au contraire une suffisante appréciation des
lois objectives. Elle établit, en effet, une transition insensible entre la logique et la physique, comme la chimie,

c'est-à-dire la partie de la physique consacrée à l'étude des transformations de la matière, en établit une non moins insensible avec la morale, par son préambule biologique. La hiérarchie positive acquiert ainsi une continuité, tant objective que subjective, qu'on ne pourrait désormais méconnaître.

Le problème fondamental de la mécanique rationnelle consiste dans la combinaison des mouvements. Il faut, toutefois, dit Auguste Comte, avoir suffisamment égard aux deux modes généraux d'un tel concours, suivant qu'il a lieu par composition directe ou par communication mutuelle. Dans un cas, les corps figurent comme des points, en ne considérant que la translation, sans rotation. Dans un autre, il faut combiner le mouvement total de chaque corps avec celui des autres parties d'un même système, d'une constitution nettement définie. Tel est le double problème de la mécanique rationnelle.

Ramenée à la notion de mouvement, la conception des forces se trouve ainsi abstraitement instituée, indépendamment de la nature des moteurs quelconques. Pour compléter une telle notion, il importe de dissiper la confusion introduite entre les conceptions dynamiques et leur appréciation statique. Neutralisés sous les conditions convenables de direction et d'intensité, les divers moteurs peuvent se combiner, de façon à ne produire qu'un équilibre stable. Leurs efforts respectifs ne sont alors jugeables que d'après leur pression mutuelle.

La notion de forces considérées abstraitement, d'après les mouvements produits, conduit à l'institution fondamentale de l'inertie, où l'on fait abstraction de la nature des moteurs quelconques. Une pareille notion fut jusqu'ici viciée par l'ontologie académique. Grâce à elle, l'étude rationnelle du mouvement ou de l'équilibre put se borner à la considération exclusive des forces extérieures, en écartant les réactions intérieures, qui peuvent être ainsi remplacées.

La double institution des forces et de l'inertie remplit, en mécanique, un office analogue à celui de l'étendue et des types artificiels en géométrie. En comparant ces deux sortes d'institutions, essentiellement logiques, on peut déjà, dans l'enceinte mathématique, vérifier le principe de classement. On constate, en effet, que l'abstraction théorique est toujours décroissante, à mesure qu'elle s'étend à des spéculations plus élevées, la géométrie écartant les influences mécaniques, tandis que la mécanique ne saurait négliger les conditions géométriques. Mais, par l'institution de l'inertie et des forces, elle néglige l'appréciation de toutes les propriétés physiques dont la considération rendrait souvent inextricable l'étude des phénomènes mécaniques.

Le matérialisme concret, qui trouve un appui en mécanique, ne pouvait être efficacement combattu qu'en limitant le complément mathématique aux seules lois du mouvement. Quoi que tout phénomène se complique de mouvement, il importe de restreindre son domaine, sans lui permettre aucune invasion, pas même en astronomie, où commence l'usurpation mathématique. Ainsi considéré, le domaine de la science du mouvement se trouve toujours limité, sans avoir à redouter son extension au dehors. La double théorie de l'équilibre et du mouvement, convenablement instituée, fera toujours ressortir l'impossibilité des solutions spéciales dans un domaine aussi compliqué que celui que nous présentent les divers degrés de la physique générale, où l'induction doit toujours dominer.

La division que comporte le complément mathématique se trouve historiquement consacrée puisque la statique fut déjà ébauchée par l'antiquité, tandis que la dynamique est une institution toute moderne.

Cependant, la théorie de l'équilibre ne saurait être instituée sans sa subordination aux lois fondamentales du mouvement. Considérant les forces comme instantanées, on peut, en effet, voir dans l'équilibre un cas particulier du mouvement, en faisant abstraction du temps. La statique ainsi constituée reste, de la sorte, dépendante de la dynamique, la théorie de l'équilibre n'exigeant que la considération des mouvements uniformes, tandis que les mouvements variés constituent le principal objet de la mécanique. Les diverses considérations relatives à l'institution des forces et de l'inertie, complétées par la division ainsi introduite dans l'étude du complément mathématique, nous montrent la mécanique douée naturellement d'une constitution subjective, tandis que la géométrie, fait remarquer le grand novateur, ne put l'obtenir que sous une impulsion plus systématique.

L'exposition de la mécanique rationnelle exige un préambule à la fois abstrait et concret; « ne devant jamais aspirer, en mécanique, dit Auguste Comte, à l'unité de principes, il ne faut point hésiter à rendre sa base objective aussi multiple que l'exige la positivité rationnelle d'un tel domaine. Une appréciation synthétique fait directement reconnaître que le mouvement peut être suffisamment étudié d'après trois lois fondamentales, nécessairement irréductibles, dont chacune est normalement accompagnée de ses appendices naturels qui ne doivent pas s'en détacher. Méditant sur le problème mécanique, on voit qu'il exige d'abord une loi générale, quant au mouvement isolé, puis une seconde envers la composition des mouvements simultanés, enfin une troisième pour la communication du mouvement entre des corps distincts, mais liés. »

La première de ces trois grandes lois, qu'il faut attribuer à Képler, consiste en ce que tout mouvement est naturellement uniforme et rectiligne. Elle fut confondue avec l'inertie, dont l'institution subjective a été, jusqu'au grand novateur, entièrement méconnue. A cette première loi, il faut un complément concernant la direction des forces purement passives, souvent combinées avec d'autres spécialement actives. On doit regarder toute résistance comme dirigée suivant la normale à la surface correspondante. On rend ainsi purement inductive une notion qu'on a vicieusement supposée déductive. Un tel complément découle des observations émanées du choc. Quelles que soient, en effet, les masses et les vitesses, deux impulsions ne peuvent se neutraliser que lorsqu'elles sont simultanément perpendiculaires à la surface de contact.

La seconde loi du mouvement, attribuée à Galilée, consiste dans la coexistence spontanée des translations quelconques qui se combinent sans se troubler, chacune s'accomplissant comme si l'autre cessait.

Une pareille loi ne peut évidemment convenir qu'aux translations, à l'exclusion de toute rotation. Elle se condense dans le théorème du parallélogramme des forces. L'immobilité d'un point soumis à deux forces égales et contraires est fondée sur la loi galiléenne, quoi qu'on l'ait érigée en axiome statique. La proportionnalité des forces aux vitesses se déduit de la même loi.

Les deux premières lois du mouvement suffisent à tous les problèmes que pourrait avoir en vue l'élaboration initiale de la dynamique. Elles sont naturellement inséparables puisque chacune d'elles reste confuse sans l'autre. Elles ne peuvent s'appliquer, avons-nous dit, qu'aux translations.

La troisième loi consiste dans l'égalité constante de la réaction à l'action. Les objections qui lui ont été faites ont

été suscitées, fait remarquer Auguste Comte, par une insuffisante appréciation des principes relatifs à la mesure des
forces actives ou passives. Il importe, en ce qui concerne
cette importante question, de déterminer l'influence de
masses, celle des vitesses étant réglée par les deux lois précédentes. On doit, en effet, considérer les forces comme
autant proportionnelles aux masses qu'aux vitesses. Leur
mesure résulte, de la sorte, du produit de la masse par la
vitesse. Cette notion fut jugée inductive et des expériences
relatives au choc furent faites pour l'établir. La théorie du
choc trouve naturellement sa place ici; elle implique deux
hypothèses sur l'état des mobiles, suivant qu'ils sont sup-
posés entièrement dépourvus de ressort ou parfaitement
élastiques.

La troisième loi du mouvement porte le nom du fondateur de la mécanique céleste, de Newton. Elle ne lui devint
réellement propre, dit encore le grand novateur, que par
le fait de la généralisation qu'il lui procura, comme envers
la théorie binormiale qui porte son nom.

Pour satisfaire à sa destination, la troisième loi du mouvement exige un complément concret, à la fois inductif et
déductif. La mutualité mécanique, c'est-à-dire les réactions
tant intérieures qu'extérieures, qu'exercent les uns sur les
autres les divers mobiles d'un système quelconque, ne peut
être réglée que par la loi newtonnienne, dans les cas les
plus simples où deux corps, envisagés comme deux points,
agissent directement l'un sur l'autre suivant la droite qui
les unit. La théorie de la communication des mouvements
n'a pu être établie qu'en remplaçant la notion primitive
d'égalité par la conception définitive des réactions existant
entre les forces perdues ou gagnées dans le conflit.

A cette belle théorie, si mal présentée encore, se
rattachent les grands noms de Bernouilli, de d'Alembert,

de Lagrange. Grâce à ce complément de la loi newtonienne, toutes les grandes questions relatives à la principale partie de la mécanique peuvent rentrer dans les problèmes correspondants de la statique. Le mouvement d'un système quelconque serait, de la sorte, toujours appréciable, si la théorie de l'équilibre correspondant était assez généralisée.

Cette généralisation prépare le grand principe des vitesses virtuelles. Pressenti par Galilée, il n'acquit toute son importance qu'à la fin du siècle dernier, dans l'immortel traité de Lagrange, où il fut destiné à faciliter l'étude du mouvement, au lieu de rester borné à perfectionner la théorie de l'équilibre. Établi pour un point sollicité d'abord par trois forces, puis pour un nombre quelconque, d'après le théorème de l'égalité de la somme des projections des composantes à celle de la résultante, le principe peut s'étendre ensuite à un système quelconque. Il suffit pour cela de ramener l'équilibre du système à celui de ses divers éléments, pourvu qu'aux forces propres à chacun on joigne les réactions mutuelles. En ajoutant toutes les équations partielles, les termes, qui s'y trouvent dus aux puissances intérieures ou passives, seront réciproquement détruits en vertu de la loi newtonienne. Telle est la démonstration du principe des vitesses virtuelles. Sa lumineuse lucidité fait naturellement contraste avec toutes les théories qui en ont été données, sans excepter la pénible démonstration de Lagrange. Un pareil principe doit être accompagné de la loi générale découverte par cet éminent penseur envers l'estimation des forces intérieures, conformément aux liaisons qui les suscitent. Indiquée seulement ici, cette grande loi sera ultérieurement déductivement démontrée. L'appendice de la première loi du mouvement autorise déjà à déterminer la direction de chaque pression suivant la normale à la surface que décrirait chaque point, si tous les autres devenaient fixes. L'intensité reste seule à trouver. Qui n'admirerait cette belle coordination des principes généraux de la mécanique qui n'est pas une des moindres preuves de la puissance du génie novateur qu'on sera, même ici, toujours heureux de suivre.

Institué en géométrie, le calcul des variations trouve en mécanique sa meilleure destination. Tel est le motif qui a décidé le grand penseur à le distraire de la position qui lui fut donnée jusqu'à lui, pour le placer à la fin du préambule de la mécanique rationnelle. Le principe des vitesses virtuelles, affranchissant du temps les spéculations dynamiques, le nouveau calcul devait y trouver naturellement sa principale application.

L'ensemble des considérations, tant abstraites que concrètes, que nous venons d'exposer, constitue, avons-nous dit, un préambule d'après lequel l'étude du complément mathématique pourra être poursuivie en la plaçant sur ses véritables bases, que l'ontologie académique a presque toujours méconnues, au point de vouloir établir déductivement ce qui ne peut comporter qu'une institution inductive. Une pareille étude se décompose en deux parties distinctes auxquelles les qualifications de statique et de dynamique devront continuer à être appliquées.

La statique donne lieu à deux sortes de questions, selon qu'on a en vue la composition des forces ou leur équilibre. La première les lie à la loi du parallélogramme des forces. Il y a lieu ici de distinguer les forces suivant qu'elles sont convergentes ou parallèles. La résultante de ces dernières se déduit de celle des premières avec facilité. A cette double théorie succède celle des moments, qu'il faut considérer de même sous deux aspects, suivant que les forces sont convergentes ou parallèles. La théorie des centres de gravité arrive comme conséquence de celle du centre des forces parallèles. Remplaçant ensuite le parallélisme par la convergence, on ébauche la composition des gravitations mutuelles en calculant la gravitation totale d'une couche sphérique homogène vers un point quelconque. On peut ensuite étendre cette gravitation à deux sphères composées de couches concentriques homogènes.

La théorie de l'équilibre des forces arrive naturellement après cette double préparation. Deux cas se présentent suivant que le système est invariable ou variable. Les deux premières lois du mouvement suffisent pour établir dans le premier cas les conditions d'équilibre. Le second cas ne peut être traité, comme l'a fait Lagrange, qu'en invoquant le principe des vitesses virtuelles. Le calcul, fait remarquer Auguste Comte, s'élève à une telle complexité que le cas seul du polygone funiculaire devient susceptible de solution. Ici s'arrête la première partie du traité de mécanique rationnelle. La théorie du mouvement s'en dégagera naturellement.

Il faut d'abord instituer la théorie du mouvement rectiligne. Il résulte, soit d'une impulsion primitive, soit d'une accélération continue. Suivant la loi de Képler, la vitesse est égale, dans le premier cas, à la dérivée de l'espace envers le temps. Dans le second, en prenant pour type la loi galiléenne de la chute des corps, l'accélération est équivalente à la seconde dérivée de l'espace envers le temps. Ces deux types de mouvement, fait remarquer Auguste Comte, remplissent un office normalement équivalent à celui qui comporte en géométrie la ligne droite et le cercle. La vitesse acquise et la force accélératrice exigent des dérivées qui correspondent à celles d'où dépendent la détermination des tangentes et des cercles osculateurs.

La théorie du mouvement curviligne se déduit de celle du mouvement rectiligne. La force accélératrice s'estime encore par les secondes dérivées prises par rapport aux trois axes coordonnés. Les forces étant données, on peut chercher la vitesse et la position du mobile, ainsi que sa trajectoire. Réciproquement, si celle-ci est connue et la manière dont elle est parcourue, les mêmes équations déterminent les forces. Une pareille théorie s'étend au mouvement sur une courbe en estimant la résistance de la courbe, laquelle lui est toujours normale. La formule de la force centrifuge, trouvée d'abord par des considérations d'un autre ordre, s'en déduit consécutivement. Le mouvement d'un point sur une surface sera naturellement plus compliqué puisqu'il faut déterminer préalablement la courbe décrite.

Du mouvement d'un point, on passe à celui d'un système quelconque, d'abord invariable, puis variable. Une application du principe de d'Alembert fournit à la dynamique des équations correspondantes à celles de la statique. Tout mouvement se trouve ainsi formé, d'après ces équations, de translation et de rotation. Relativement à la translation, les mêmes équations font reconnaître que le centre de gravité se meut comme si toutes les forces s'y trouvaient appliquées.

D'après la troisième loi du mouvement, tout déplacement du système est indépendant des actions intérieures et ne peut être affecté que par les influences extérieures. On montre aussi que la rotation d'un corps autour de son centre de gravité est indépendante de la translation de ce point, de manière à n'être jamais affecté par des forces, telles que la pesanteur, dont la résultante y passerait. On peut, par une institution qui lui est propre, dit l'immortel auteur, combiner les deux mouvements de translation et de rotation. L'institution de l'hélice osculatrice, introduite en géométrie, permet de considérer tous les points invariablement liés comme décrivant des hélices semblables autour d'un même axe. Tout mouvement d'un solide libre peut dès lors être géométriquement assimilé à celui de l'écrou parcourant la vis sans frottement. L'axe de rotation reste ici parallèle à la direction de la translation. Cette étude, d'un système invariable, présente des complications le plus souvent inextricables.

De la théorie statique, Lagrange a déduit un type d'équation justement qualifié de formule générale de la dynamique. Il lui a suffi d'exprimer l'équilibre qui résulte des réactions mutuelles des éléments considérés, d'après l'équivalence des forces effectives aux forces primitives. Sa conception à l'aide des multiplicateurs employés, lui donne en ceux-ci les résistances intérieures.

Le mouvement des projectiles invariablement liés, celui d'une chaîne uniformément pesante mue verticalement sur une poulie, d'un fil inextensible, c'est-à-dire d'un pendule flexible, sont des problèmes dont l'élaboration algébrique reste inévitablement insuffisante.

Le mouvement d'un système variable ne peut donc intéresser l'initiation encyclopédique que sous un rapport purement logique.

Le véritable esprit de la mécanique rationnelle, dit Auguste Comte, est essentiellement borné aux solides. On constatera l'insuffisance de toute étude concernant la variabilité en l'étendant à la constitution fluide. La double théorie de l'hydrostatique et de l'hydrodynamique, qui reste flottante dans tous les traités de mécanique, trouve sa place ici.

Le beau théorème du centre de masse surgit ici. Le mouvement de ce centre est toujours le même, que si toutes les forces extérieures, ainsi que les impulsions quelconques, s'y trouvaient toujours appliquées. Il ne peut jamais être affecté, comme dans les cas planétaires, lorsqu'on ne considère que les actions mutuelles, qu'exercent à l'égard les uns des autres les éléments d'un même système, même dans le cas de changements brusques. Le centre de gravité reste toujours invariable, ou se meut uniformément en ligne droite, selon l'absence ou l'existence d'impulsion extérieure. Ce beau théorème peut s'étendre également aux appareils animaux. Tout animal est incapable de déplacer, en effet, son centre de gravité par des efforts intérieurs. La résistance du milieu est toujours nécessaire ici pour les transformer en locomotion.

La théorie des aires qui naît de la considération d'un point animé, d'une force centrale, fut constituée par l'auteur de la première loi du mouvement. Il montre la molécule traçant autour d'un foyer des aires toujours proportionnelles aux temps. Quelle que soit la loi qui régit la force et la nature de la trajectoire, le théorème persiste envers tout système pareillement sollicité par une force centrale, le résultat restant indépendant des actions mutuelles des molécules, qu'elles soient graduelles ou brusques, comme un choc, une impulsion. Examiné dans les cas dépourvus d'influence extérieure, il faut reconnaître l'invariabilité de la somme algébrique des aires projetées simultanément sur un plan quelconque, malgré les changements provenant des réactions intérieures. Cette somme évaluée, à l'égard de trois plans rectangulaires, nous en fait trouver un qui reste invariable au milieu des perturbations quelconques du système total, et correspondant au maximum des aires. Une importante application de ce théorème à notre système planétaire a pu conduire à la confirmation d'une mémorable hypothèse.

Le théorème des forces vives, dit Auguste Comte, constitue la moins étendue, mais la plus usuelle, des trois propriétés générales du mouvement. C'est lui, en effet, qui trouve la plus fréquente application dans les arts. On le déduit de la formule générale de la dynamique, en y substituant les différentielles aux variations, lorsque la constitution du système considéré est indépendante du temps. La différentiation permet aisément de ramener l'équation au premier ordre. On obtient ainsi la somme des produits des masses par le carré de la vitesse, qualifiée de force vive, d'après Leibnitz, par opposition à ce que sous l'empire du vieil esprit métaphysique on appelait les forces mortes. Cette somme peut directement résulter des forces, sans connaître les trajectoires. La somme des forces vives peut acquérir un *maximum* ou un *minimum*. La considération de ces deux états permet de fixer les deux modes propres à l'équilibre, qui est instable ou stable, selon que la force vive totale est maximum ou minimum.

A l'étude des propriétés générales du mouvement succède la belle théorie de la rotation, qui clôt l'étude de la mécanique générale. Due à Euler, dont elle constitue le plus beau titre, dit Auguste Comte, elle fut systématisée par Lagrange. Elle présente deux cas bien distincts, suivant que la rotation s'opère autour d'un axe ou d'un point. On considère d'abord la rotation uniforme résultant d'une simple impulsion. On fait alors abstraction de toute autre force. La vitesse angulaire est ici représentée par une fraction, ayant pour numérateur le moment de l'impulsion et pour dénominateur, l'expression qu'Euler qualifie de moment d'inertie, c'est-à-dire le produit de la masse par le carré de la distance à l'axe fixe. Il y a lieu de montrer les relations qui existent entre les moments d'inertie d'un même corps envers différents axes, suivant qu'ils sont parallèles ou divergents. Le centre de gravité comporte les plus petits moments d'inertie. De cette considération se dégage la notion des axes principaux. Ces axes comportent le *maximum* ou le *minimum* du moment d'inertie. Suit la détermination des moments d'inertie pour les différents types géométriques.

La rotation d'un corps soumis à une force accélératrice, se déduit de celle où le corps n'éprouve qu'une impulsion initiale. Cette dernière théorie s'applique au pendule composé, qui en suscita l'essor théorique. C'est à la physique, dit Auguste Comte, qu'il faut laisser l'appréciation concrète de la solution abstraite ici instituée.

La rotation autour d'un point constitue le problème le plus difficile de la mécanique générale. Un choix convenable de deux systèmes d'axes, dont l'un coïncide avec les axes principaux, révèle une suite de points en ligne droite restant toujours fixe, de manière à constituer l'axe mobile de rotation. La théorie de la rotation doit se proposer alors de déterminer, à la fois, la direction variable de l'axe ainsi trouvé et la vitesse angulaire qui lui correspond. Cette belle théorie à laquelle ont collaboré deux grandes intelligences, Euler qui l'a instituée et Lagrange qui l'a systématisée, donne lieu à une image qui la résume, celle du mouvement d'un point libre attaché à un écrou s'avançant sur une vis, d'après l'hélice osculatrice.

Dans l'exposition succincte que nous venons de faire de la dernière œuvre du grand philosophe, nous sommes sorti, comme on le voit, des limites d'une simple notice. Nous adressant à des lecteurs qui ne sont point étrangers aux études mathématiques, nous avons tenu à leur montrer que l'incomparable novateur était encore en pleine puissance de tout son génie, lorsqu'une mort prématurée l'a enlevé à ses disciples et interrompu la grande élaboration qui devait constituer sa dernière vie. En le qualifiant de législateur de la science mathématique, nous croyons n'avoir rien dit d'exagéré. La belle tentative de Lagrange, faite dans ce but, peut être considérée comme un véritable avortement.

Placé à un point de vue essentiellement analytique, cet éminent penseur a cru pouvoir établir déductivement, avons-nous dit, ce qui ne pouvait l'être qu'inductivement. Ce n'est certes pas sans raison que fut qualifiée d'insurrectionnelle, par le grand novateur, une tentative qui aboutit à méconnaître le principe inductif sur lequel s'était toujours élevé, au moins implicitement, la fondation de Leibnitz. Néanmoins, en proclamant, dans sa belle lettre à d'Alembert, que pour lui l'ère mathématique est fermée, n'a-t-il pas semblé par là indiquer que les efforts de l'esprit humain devaient désormais se porter ailleurs? Toute systématisation partielle réclamant la synthèse générale, un tel génie pouvait déjà reconnaître l'étroitesse de toutes conceptions analytiques et la nécessité de les subordonner à des conceptions d'un ordre plus élevé. N'eut-il pas protesté de nos jours contre la dégénération de l'esprit scientifique qu'entretient l'oppression académique. La confusion qui règne dans l'enseignement de la science fondamentale suffirait à elle seule pour faire sentir à tout bon esprit les dangers, tant moraux qu'intellectuels, du régime ontologique. Que l'on compare les traités didactiques de mécanique générale suivis dans nos principales institutions, à l'admirable systématisation de la science du mouvement que nous venons d'exposer, quoique succinctement, on verra qu'il est temps de soustraire notre jeunesse à l'action de professeurs incapables de s'élever à aucune vue d'ensemble, même dans la science qu'ils enseignent. Un jeune professeur à l'École polytechnique de Rio-de-Janeiro, capitaine d'artillerie, M. J. Eulalio da Silva Oliveira, s'inspirant de l'œuvre du grand novateur et suivant, pour ainsi dire, pas à pas, ses indications, nous a donné récemment un admirable traité de mécanique rationnelle, dont on chercherait vainement l'équivalent chez nous. Aucune science officielle n'existe dans son pays, et ceux à qui y est confié l'enseignement de la jeunesse peuvent chercher librement au dehors des maîtres plus dignes que ceux que nous impose depuis le commencement du siècle l'oppression académique. On ne saurait trop recommander la lecture de son remarquable traité. L'accueil qui a été fait à l'étranger à l'œuvre mathématique du grand philosophe est bien fait pour contraster avec les paroles de M. Arago, déclarant qu'il ne lui reconnaissait aucun titre mathématique, grand ou petit.

XVIII

Nous venons de présenter l'ensemble d'une grande
existence et d'une œuvre sans antécédents. Les jugements
portés sur cette dernière sont évidemment prématurés.
Aussi ont-ils manqué le plus souvent de portée et même de
sincérité. C'est tout une fondation religieuse qu'il fallait y
chercher. Le langage de l'incomparable novateur, à la fin de
sa glorieuse existence, a acquis l'autorité qui convenait à sa
mission. Le philosophe austère est devenu juge et prononce
en cette qualité, sans doute avec équité, mais sans autre
appel que celui qu'il acceptait vis-à-vis de la postérité. Une
fondation religieuse, lorsqu'elle est réclamée par une
situation, ne peut que devancer les aspirations communes.
Elle a toujours à vaincre, lorsqu'elle arrive au jour, les
résistances de ceux qu'elle vient nécessairement écarter et
qui se trouvent investis d'une autorité quelconque. Nous
avons montré la nature de ces résistances. Elles ont
persisté, comme il fallait s'y attendre, après la mort du
novateur ; mais son œuvre en a triomphé. Elle est aujourd'hui
connue de tous, et son légitime épanouissement n'est
contenu que par de vicieuses institutions.

Lorsque la mort est venue frapper prématurément le
novateur, le Positivisme allait entrer, pour me servir de
son expression, dans sa phase d'installation. La grande
élaboration qui devait en être le couronnement restait, il
est vrai, inachevée, mais l'admirable introduction qui

l'institua nous permet jusqu'à un certain point d'y suppléer dans ce qu'elle a de plus essentiel. L'œuvre est donc complète et si ceux qui ont accepté la mission de la propager sont encore réduits, en quelque sorte, à marquer le pas, quand tout semble réclamer leur intervention, la marche croissante de l'anarchie et la dissolution de nos mœurs, il ne faut chercher les motifs de leur insuccès, nous le répétons, que dans les institutions vicieuses qui paralysent tous leurs efforts. La liberté spirituelle, c'est ce qu'a réclamé, dès les débuts de sa carrière, le jeune philosophe. Elle n'existe pas plus de nos jours qu'elle n'existait alors. En persistant à s'immiscer dans tout ce qui n'est pas de sa compétence, l'État ne peut que perpétuer l'interrègne spirituel et s'opposer lui-même à l'avènement de toute doctrine propre à rétablir l'ordre dans les esprits et à assurer le développement pacifique de tout progrès. Il n'a qualité, en effet, ni pour nous recommander une forme religieuse quelconque, ni pour donner une direction à la pensée. La liberté spirituelle, que toute âme honnête réclame aujourd'hui, implique la suppression des trois institutions dues au génie rétrograde du premier des Bonapartes. Les budgets, académique, universitaire et clérical, sont désormais les seuls obstacles à l'avènement de toute saine doctrine et doivent être supprimés. A cette seule condition, la liberté spirituelle existera parmi nous. Réclamée par tous les bons esprits, elle nous permettra de triompher de tous les sophismes révolutionnaires auxquels son absence laisse un libre cours.

Mieux renseigné qu'il ne l'est sur les véritables besoins de la situation, un gouvernement vraiment républicain aurait dû depuis longtemps prendre l'initiative d'une mesure dont il devait prévoir la salutaire influence, s'il avait eu conscience des conditions de l'ordre, tant matériel que moral. C'est ce que réclame, de plus en plus, un milieu depuis longtemps privé de toute direction. C'est aux savants, comme mieux préparés, que s'adressa d'abord le philosophe adolescent, pour constituer un nouveau pouvoir directeur. Si ceux qu'animaient encore le grand souffle du xviiie siècle ne dédaignèrent pas d'écouter son enseignement, comme il a été dit, leurs successeurs dégradés par le régime des spécialités dispersives, après avoir tenté d'étouffer sa voix par la conspiration du silence, l'attaquèrent dans ses moyens d'existence. Son appel au public occidental resta sans effet sensible. Après quelques années de la plus poignante gêne, il ne dut de pouvoir continuer son œuvre qu'au dévouement de quelques disciples. Jusqu'au dernier instant d'une vie de lutte et d'inépuisable ardeur, il ne cessa de subordonner le triomphe des idées d'ordre et de progrès à la constitution de la vraie liberté, de la liberté spirituelle. Mieux renseigné sur la nature et les dispositions du milieu dont il poursuivait la transformation avec une indomptable énergie, c'est à éclairer tout ce qui pouvait rester encore du vrai parti conservateur qu'il tourna ses espérances. La disparition du parti libéral et le triomphe des égalitaires devaient modifier son ancienne ligne de conduite.

Venant instituer une religion, il ne pouvait guère espérer quelque sympathie que de ceux chez qui la sentimentalité religieuse n'avait pas disparu. C'était, au moins en apparence, plus rationnel que de chercher à convertir ceux qui, sous un faux air de libéralisme, niaient la nécessité de la règle et de toute discipline. Ici, c'était plutôt aux chefs qu'aux ouailles qu'il fallait s'adresser. C'est dans cette pensée qu'il projeta un appel aux ignaciens. Sans se laisser égarer par des préjugés ou une fausse appréciation, on doit reconnaître que depuis la séparation des églises nationales, la mémorable compagnie instituée au xvie siècle, a puissamment concouru à maintenir l'unité de l'Église catholique. Son indépendance lui permettait de prendre l'initiative d'une mesure aussi nécessaire à la dignité du clergé qu'à sa liberté d'action. Au nom de la liberté spirituelle, elle eût pu, après avoir poussé à la dénonciation du Concordat, réclamer la suppression des subventions universitaires et académiques. Le Positivisme ne peut, sans doute, patronner une foi épuisée, mais au nom de leur utilité sociale, il est autorisé à défendre l'existence de tous les anciens sacerdoces qui peuvent être encore utiles aux attardés et les préserver, quand il faut songer à reconstruire, d'aller grossir l'armée des révoltés. Cette conception, digne d'un véritable homme d'état, a été qualifiée d'utopique par ceux qui n'en ont pas saisi toute la portée.

Les progrès croissants de l'anarchie ne peuvent tarder à amener le clergé catholique lui-même à invoquer une assistance qu'il ne trouvera que chez ceux qui sont placés à un point de vue relatif et qui, par cela même, peuvent justement se considérer comme les continuateurs de ceux qui les ont précédés dans l'œuvre de la direction humaine. Bénéficiant du patronage de l'État, le clergé officiel peut encore se dissimuler l'étendue du mal et nourrir des espérances illusoires. Aucune compromission cependant n'est plus possible pour lui. Miné ou attaqué par les sophismes révolutionnaires, nous osons lui prédire qu'il ne pourra vivre honoré et respecté qu'en renonçant à ce dangereux patronage qui, d'ailleurs, peut lui manquer bientôt. En concourant, à sa manière, à l'établissement de la liberté spirituelle, il pourrait mériter la reconnaissance de ses aînés dans l'œuvre de régénération sociale.

On ne convainc les autres qu'à la condition d'être convaincu soi-même ; on ne les entraîne qu'à la condition d'être soi-même entraîné. A la culture du sentiment, à laquelle tout doit désormais se subordonner, il fallait des pratiques journalières, une tension de l'esprit et du cœur vers tout ce qui est digne d'être aimé. C'est ce que nous trouvons dans la vie de l'immortel novateur. Épuré par un chaste amour, son cœur va trouver dans le culte personnel qu'il a institué un aliment et un stimulant. C'est sa compagne de tous les instants qui va devenir sa patronne; c'est en elle qu'il personnifiera bientôt l'Humanité. C'est par la prière, à l'exemple de ses glorieux prédécesseurs, a-t-il dit, qu'il faut se préparer à l'action. Sa journée commencera par une invocation à celle à qui il attribue sa régénération. Elle se terminera, après les labeurs quotidiens, par un examen de conscience dont il ne dispense personne. Saint Paul, Mahomet, ses deux grands émules dans l'œuvre de la préparation de nos forces, se sont élevés à l'action par la prière. Il en a senti et démontré l'efficacité, comme eux, il priera. La prière a perdu son caractère égoïste, elle est devenue pour lui, comme elle le fut pour ses derniers devanciers, une élévation de l'âme vers tout ce qui est digne d'être aimé.

En écrivant cette Notice en des circonstances exceptionnelles, j'ai voulu présenter dans son ensemble une grande vie, une grande œuvre et m'acquitter en même temps d'une dette de reconnaissance. Je ne sais si j'y serai arrivé. Destiné à des lecteurs tous pourvus d'une instruction scientifique avancée, cet écrit, j'ose l'espérer, sera compris d'eux. J'aurai atteint mon but si, tout imparfait qu'il est, il pouvait les décider à remonter à l'œuvre originale elle-même. En nos temps troublés, il n'est aucune âme honnête qui ne sente que nous assistons à une transformation sociale, dont la formule n'est point connue. En fondant l'École polytechnique, on ne peut douter que les grands

hommes qui nous dotèrent de cette institution, animés du
grand souffle du xviiie siècle, n'aient eu un pressentiment
de l'avenir et qu'ils n'aient voulu ainsi, en poussant à la
diffusion des lumières, préparer de nouvelles voies.

Sortis sans classement, les sujets appartenant aux
premières promotions allaient concourir pour les fonctions
publiques avec ceux qui provenaient de tout autre source.
Ils avaient pour eux l'avantage d'une meilleure instruction.
Lorsque l'École fut soumise au casernement et au classement de sortie, elle fut détournée du but que lui avait
assigné ses glorieux fondateurs. Elle devint une école de
fonctionnaires. Des hommes distingués dans tous les genres
purent l'illustrer, mais elle avait perdu son premier caractère. L'instruction théorique qu'on y reçoit aurait pu,
suivant l'expression d'Auguste Comte, servir à constituer
dans le domaine scientifique une véritable opinion publique,
qui eut pu, jusqu'à un certain point, contenir certaines
divagations; mais le monopole et le manque d'indépendance, chez les fonctionnaires spéciaux qui s'y recrutent,
devaient contenir tout esprit d'initiative personnelle. Le
joug universitaire qu'elle a récemment accepté et contre
lequel Arago, lui-même, protesta si énergiquement, en a
définitivement altéré à la fois l'enseignement et l'esprit.
Borné aux sciences inorganiques, l'enseignement qu'on y
donne semble contraster avec un titre qui ne saurait plus,
en ces conditions, lui convenir. On ne peut douter cependant qu'elle ne puisse rendre encore d'importants services
en revenant aux vues de ses fondateurs. C'est dans ce but que
le grand novateur avait conçu sa transformation. Perdant
tout caractère pratique, aux deux années consacrées aux
sciences inorganiques, il serait à désirer qu'on en ajoutât
une troisième pour que son programme s'étendît à l'ensemble de la hiérarchie scientifique, logique, physique et

morale. Dans cette école régénérée, dont l'esprit serait purifié de tout mélange métaphysique ou théologique et à laquelle la qualification de polytechnique pourrait définitivement convenir, l'État trouverait une pépinière de sujets distingués, bien préparés, auxquels il pourrait confier les hautes positions administratives, judiciaires au autres, sans toutefois constituer en sa faveur un monopole.

C'est en l'année 1857, le 5 septembre, que s'éteignait la glorieuse existence, dans sa soixantième année, non révolue encore. La régularité de sa vie pouvait lui faire espérer, comme il le désirait, la longévité de Voltaire, de Hobbes ou même de Fontenelle. Sa constitution, qui avait été si rudement éprouvée par la gêne matérielle des premières années, par les tourments domestiques et par sa lutte académique, s'était renforcée, grâce à la régularité de son régime, tant physique que moral. Son existence matérielle était partagée entre l'exécution de son œuvre, sa nombreuse correspondance et quelques relations privées. Dans la période de ses grandes compositions, il travaillait cinq jours consécutivement. Il sortait, en tout temps, le mercredi, pour aller au Père-Lachaise, sur la tombe de sa compagne; de retour, il s'arrêtait devant la Mairie de son arrondissement pour lire, au *Petit Moniteur*, les nouvelles de la semaine. Il s'était interdit d'ailleurs, la lecture des journaux et de tous les écrits périodiques. Le mercredi soir il présidait la Société positiviste ; le jeudi était consacré à sa correspondance; il recevait dans la journée. Il avait ainsi réalisé l'état de pleine unité, qui était, comme il l'avait écrit, la meilleure garantie de la santé. Suivant l'expression d'un de ses premiers disciples, il était arrivé à la sainteté; non de cette sainteté passive des derniers temps du Catholicisme, de cette sainteté qui se contente de ne point faire le mal, de l'éviter même ; mais à cette sainteté, qui va au-devant du désir, qui s'associe à tout ce qu'il y a de grand, d'élevé. Sa constitution avait acquis une extrême délicatesse tant physique que morale ; il fallait la préserver naturellement de tous les chocs :

> Quanto la causa e più perfetta
> Più senta il bene e così la doglienza,

a dit le poète florentin.

L'œuvre qu'il accomplisait, le saint ministère qu'il exerçait, n'était-ce pas autant de raison pour que son existence fut entourée de la plus active sollicitude, pour qu'on respectât des jours devenus si précieux ? Une attaque violente, injurieuse même, d'un disciple sur lequel il avait prématurément compté, vint jeter le trouble dans cette âme si accessible au bien, et si élevé au-dessus de toutes nos turpitudes. Le coup partait de l'entourage de M. Littré. Après une stérile adhésion à la *Philosophie Positive*, revenu à ses instincts révolutionnaires, M. Littré avait repoussé la fondation religieuse. Autour de lui s'étaient réunis tous ceux qui ne voyaient du Positivisme que le côté intellectuel, qu'une œuvre destinée peut-être à charmer les loisir de quelques savants en *us*.

Après avoir suivi pendant de longues heures le convoi de son vieil ami M. le sénateur Vieillard, il rentra chez lui fatigué. Il n'avait pu encore maltriser son indignation. Un vomissement de sang survint, suivi bientôt de selles noires. Tout indiquait une hémorrhagie interne. La médication à laquelle il songea d'abord était bien celle qu'indiquait une médecine rationnelle. Il se laissa illusionner par une amélioration passagère. Un ictère qui survint après, un peu d'ascite, suivi progressivement de l'œdème des extrémités, ne pouvaient laisser aucun doute sur l'existence d'un obstacle à la circulation interne. Les symptômes cérébraux et nerveux avaient disparu, ou s'étaient considérablement améliorés, l'unité morale s'était rétablie; non sans raison il pouvait compter, comme il le disait, sur une crise, qu'il espérait devoir être salutaire. Jusqu'au dernier moment, il crut à la grâce de sa constitution. Elle avait été soumise à une rude épreuve. Après trois mois de maladie, plein encore de confiance en la guérison, il fut enlevé par une dernière hémorrhagie intestinale. Il conserva la plénitude de son intelligence jusqu'à la dernière heure. Étendez-moi sur le carreau, comme je serai dans la tombe, dit-il à sa fille adoptive. C'était en effet la seule chose à tenter pour arrêter, en l'absence de tout homme de l'art, une hémorrhagie interne.

Son convoi fut simple, comme devait l'être celui d'un philosophe. De tous les hommes connus, littérateurs ou savants, un seul, M. Proudhon, se joignit à ceux de ses disciples qui se trouvaient alors à Paris. Quelques nobles paroles furent prononcées sur sa tombe par son disciple et son médecin. M. le docteur Robinet. L'École polytechnique était alors en vacance. Aurait-elle fourni une députation, suivant l'usage, aux obsèques de celui qui y remplit pendant de longues années des fonctions aussi honorables que modestes, qui pourvut pendant sept ans à son recrutement, et dont le nom figurera en première ligne sur son livre d'or, si jamais elle en a un ?

Quelques mois après l'inhumation, le cercueil fut déposé dans une petite vallée, désignée d'avance par lui, à quelques pas de la tombe d'Élisa Mercœur, sur laquelle il s'arrêtait parfois dans sa visite hebdomadaire à sa sainte compagne. Il avait pu lire sur le modeste mausolé :

L'oublie c'est le néant, la gloire l'autre vie;
L'éternité sans borne appartient au génie.

NOTE. — Nous avons exposé, avec autant de modération que nous avons pu, les luttes qu'eut à soutenir le grand novateur contre l'Académie des sciences, présidée alors par M. Arago. Le nom d'Auguste Comte a grandi depuis; son œuvre est dans toutes les mains. Ceux qui n'ont point partagé ses idées ont néanmoins entouré sa personne d'une juste considération; son grand caractère, autant que la puissance de son génie, n'ont été nulle part méconnu, à quelque partie de la société qu'on appartint.

Un homme, élevé à une haute position officielle, n'a pourtant pas désarmé. Cet homme occupe aujourd'hui le fauteuil qu'illustrèrent Fontenelle, Condorcet, sur lequel s'est assis un grand géomètre, l'illustre et malheureux Fourier. Il fut admis à l'École polytechnique par Auguste Comte lui-même, alors examinateur pour l'admission. Son intelligence ne lui échappa pas; il le plaça le premier sur sa liste. Mais de sa plume presque prophétique voici ce qu'il écrivit en regard des brillantes notes qu'il lui donna : *Ce jeune homme ira loin, s'il n'est point étouffé par la vanité.* Dans une revue scientifique, voici ce qu'écrivait à son tour, il y a quelques mois, M. Bertrand, il faut bien le nommer, du philosophe austère, du grand novateur, que couvre aujourd'hui un respect général : « *Entre les actes taxés de folie et les singularités qui déroutent complètement le sens commun, la ligne de séparation est mal définie. Les pensionnaires de Charenton sont nombreux; presque tous sont plus fous qu'Auguste Comte, mais j'en ai connus qui l'étaient moins.* » M. Bertrand avait sans doute tout ce qu'il faut pour s'élever à une haute position académique. Mais que laissera-t-il après lui, peut-on se demander; qui connaîtra un jour son nom? Les quelques traités didactiques qu'il a rédigés, à l'exemple de tous les professeurs qui l'ont précédé dans la carrière de l'enseignement, échapperont-ils à l'oubli? Il est resté sans portée philosophique; aussi, comme le vulgaire des géomètres, il n'a vu, dans la grande conception cartésiennne, qu'une application de l'algèbre à la géométrie. M. Bertrand fut le neveu de Duhamel, de celui que l'Académie des sciences préféra à Auguste Comte à la mort de Navier, pour la chaire d'analyse à l'École polytechnique et qui ne voulut pas même lui laisser finir le cours qu'il y fit par *intérim*, malgré la demande des élèves. C'est ce cours sans antécédents, que Dulong, alors directeur des études, honora de sa présence. Les haines de M. Bertrand datent, comme on le voit, de bien loin. C'est presque une affaire de famille.

La présidence de l'Académie des sciences, suivant un usage qui n'est pas encore perdu, est ordinairement donnée à un géomètre. Le nombre en est petit de nos jours. On a lu dans le cours de cette Notice la sentence que portait Lagrange sur les chaires de mathématiques. A défaut d'un penseur, on a jadis pensé en mathématiques, il a bien fallu se contenter d'un intégraliste, c'est-à-dire d'un calculateur, et M. Bertrand, paraît-il, est dans ce genre fort calculateur. La présidence de l'Académie des sciences lui revenait donc à ce titre. Elle assure toujours, suivant l'usage, un fauteuil à l'Académie française. M. Bertrand est donc aussi un des quarante de la docte réunion. Quoiqu'il en soit, la marche naturelle des événements nous autorise à espérer, pour la gloire et l'intérêt de la vraie science, de cette science qui n'a plus de représentant dans l'illustre assemblée, que s'il en est aujourd'hui le secrétaire perpétuel, il pourrait en être l'avant dernier, s'il n'en est le dernier. La suppression des corporations savantes est ce que nous osons attendre de la sagesse de tout gouvernement mieux renseigné, qu'on ne l'est de nos jours, sur les vrais besoins d'une situation, où la liberté spirituelle s'impose désormais comme une garantie d'ordre et de progrès.

BIBLIOTHÈQUE POSITIVISTE

AU DIX-NEUVIÈME SIÈCLE

Cent Cinquante Volumes

1° POÉSIE (trente volumes)

L'ILIADE et L'ODYSSÉE, réunies en un seul volume, sans aucune note.

ESCHYLE, suivi de L'ŒDIPE-ROI de Sophocle, et ARISTOPHANE, *idem*.

PINDARE et THÉOCRITE, suivi de DAPHNIS et CHLOÉ, *idem*.

PLAUTE et TÉRENCE, *idem*.

VIRGILE complet, HORACE choisi, et LUCAIN, *idem*.

OVIDE, TIBULLE et JUVÉNAL, *idem*.

FABLIAUX DU MOYEN-AGE, recueillis par Legrand d'Aussy.

DANTE, ARIOSTE, TASSE, et PÉTRARQUE choisi, réunis en un seul
volume italien.

LES THÉATRES choisis de Métastase et d'Alfieri, *idem*.

LES FIANCÉS, par Manzoni (un seul volume italien).

LE DON QUICHOTTE et LES NOUVELLES de Cervantès (dans un même
volume espagnol).

LE THÉATRE ESPAGNOL choisi (recueil édité par don José Segundo
Florez (un seul volume espagnol).

LE ROMANCERO ESPAGNOL choisi, *y compris le poème du Cid* (un seul
volume espagnol).

LE THÉATRE choisi de P. Corneille.

MOLIÈRE complet.

LES THÉATRES choisis de Racine et de Voltaire (réun. en un seul vol.).

LES FABLES DE LA FONTAINE, suivies de quelques FABLES de Lamotte
et de Florian.

GIL BLAS, par Lesage.

LA PRINCESSE DE CLÉVES, PAUL ET VIRGINIE, et LE DERNIER ABENCERAGE
(à réunir en un seul volume).

LES MARTYRS, par Chateaubriand.

LE THÉATRE choisi de Shakespeare.

Le Paradis Perdu et les Poésies Lyriques de Milton.

Robinson Crusoé et le Vicaire de Wakefield (à réunir en un seul
volume).

Tom Jones, par Fielding (en Anglais ou traduit par Chéron).

Les sept chefs-d'œuvre { Ivanhoe, Waverley, la Jolie Fille de Perth,
de Walter-Scott { l'Officier de Fortune, les Puritains,
{ la Prison d'Édimbourg, l'Antiquaire.

Les Œuvres choisies de Byron (en supprimant surtout le Don Juan).

Les Œuvres choisies de Gœthe.

Les Mille et une Nuits.

2° SCIENCE (trente volumes)

L'Arithmétique de Condorcet, l'Algèbre et la Géométrie de
Clairaut, plus la Trigonométrie de Lacroix ou de Legendre
(à réunir en un seul volume).

La Géométrie Analytique d'Auguste Comte, précédée de la Géométrie de Descartes.

La Statique de Poinsot, suivie de tous ses Mémoires sur la mécanique.

Le Cours d'Analyse de Navier à l'École Polytechnique, précédé
des Réflexions sur le Calcul Infinitésimal, par Carnot.

Le Cours de Mécanique de Navier à l'École Polytechnique, suivi de
l'Essai sur l'Équilibre et le Mouvement, par Carnot.

La Théorie des Fonctions, par Lagrange.

L'Astronomie Populaire d'Auguste Comte, suivie des Mondes de
Fontenelle.

La Physique Mécanique de Fischer, traduite et annotée par Biot.

Le Manuel Alphabétique de Philosophie Pratique, par John Carr.

La Chimie de Lavoisier.

La Statique Chimique, par Berthollet.

Les Éléments de Chimie, par James Graham.

Le Manuel d'Anatomie, par Meckel.

L'Anatomie Générale de Bichat, précédée de son Traité sur la Vie
et sur la Mort.

Le premier volume de Blainville sur l'Organisation des Animaux.

La Physiologie de Richerand, annotée par Bérard.

L'Essai Systématique sur la Biologie, par Segond, et son Traité
d'Anatomie Générale.

Les Nouveaux Éléments de la Science de l'Homme, par Barthez
(seconde édition, 1806).

La Philosophie Zoologique, par Lamarck.

L'Histoire Naturelle de Duméril.

Le Traité de Guglielmini sur la Nature des Fleuves (en italien).

Les Discours sur la Nature des Animaux, par Buffon.

L'Art de Prolonger la Vie Humaine, par Hufeland, précédé du Traité sur les Airs, les Eaux, et les Lieux, par Hippocrate, et suivi du livre de Cornaro sur la Sobriété (à réunir en un seul volume).

L'Histoire des Phlegmasies Chroniques par Broussais, précédée de ses Propositions de Médecine et d'abord des aphorismes d'Hippocrate (en latin), sans aucun commentaire.

Les Éloges des Savants, par Fontenelle et Condorcet.

3° HISTOIRE (soixante volumes)

L'Abrégé de Géographie Universelle, par Malte-Brun.

Le Dictionnaire Géographique de Rienzi.

Les Voyages de Cook, et ceux de Chardin.

L'Histoire de la Révolution Française, par Mignet.

Le Manuel de l'Histoire Moderne, par Heeren.

Le Siècle de Louis XIV, par Voltaire.

Les Mémoires de Mme de Motteville.

Le Testament Politique de Richelieu, et la Vie de Cromwell (à réunir en un seul volume).

L'Histoire des Guerres Civiles de France, par Davila (en italien).

Les Mémoires de Benvenuto Cellini (en italien).

Les Mémoires de Commines.

L'Abrégé de l'Histoire de France, par Bossuet.

Les Révolutions d'Italie, par Denina.

L'Abrégé de l'Histoire d'Espagne, par Ascargota.

L'Histoire de Charles-Quint, par Robertson.

L'Histoire d'Angleterre, par Hume.

L'Europe au Moyen-Age, par Hallam.

L'Histoire Ecclésiastique, par Fleury.

L'Histoire de la Décadence Romaine, par Gibbon.

Le Manuel de l'Histoire Ancienne, par Heeren.

Tacite complet (traduction Dureau de la Malle).

Hérodote et Thucydide (à réunir en un volume).

Les Vies de Plutarque (traduction Dacier).

Les Commentaires de César et l'Alexandre d'Arrien (à réunir en un volume).

Le Voyage d'Anacharsis, par Barthélemy.

L'Histoire de l'Art chez les Anciens, par Winckelmann.

Le Traité de la Peinture, par Léonard de Vinci (en italien).

Les Mémoires de la Musique, par Grétry.

4° SYNTHÈSE (trente volumes)

La Politique d'Aristote et sa Morale (à réunir en un volume).

La Bible complète.

Le Coran complet.

La Cité de Dieu, par saint Augustin.

Les Confessions de saint Augustin, suivies du Traité sur l'Amour de Dieu, par saint Bernard.

L'Imitation de Jésus-Christ (l'original et la traduction en vers de Corneille).

Le Catéchisme de Montpellier, précédé de l'Exposition de la Doctrine Catholique, par Bossuet, et suivi du Commentaire sur le Sermon de Jésus-Christ, par saint Augustin.

L'Histoire des Variations Protestantes, par Bossuet.

Le Discours sur la Méthode, par Descartes, précédé du Novum Organum de Bacon, et suivi de l'Interprétation de la Nature, par Diderot.

Les Pensées choisies de Cicéron, d'Épictète, de Marc-Aurèle, de Pascal, et Vauvenargues, suivies des Conseils d'une Mère, par Mᵐᵉ de Lambert et des Considérations sur les Mœurs, par Duclos.

Le Discours sur l'Histoire Universelle, par Bossuet, suivi de l'Esquisse Historique, par Condorcet.

Le Traité du Pape, par De Maistre, précédé de la Politique Sacrée, par Bossuet.

Les Essais Philosophiques de Hume, précédés de la double Dissertation sur les Sourds et les Aveugles, par Diderot, et suivis de l'Essai sur l'Histoire de l'Astronomie, par Adam Smith.

La Théorie du Beau, par Barthez, précédé de l'Essai sur le Beau, par Diderot.

Les Rapports du Physique et du Moral de l'Homme, par Cabanis.

Le Traité sur les Fonctions du Cerveau, par Gall, précédé des Lettres sur les Animaux, par Georges Leroy.

Le Traité sur l'Irritation et la Folie, par Broussais (première édition).

La Philosophie Positive, d'Auguste Comte, condensée par Miss Martineau, sa Politique Positive, le Catéchisme Positiviste et sa Synthèse Subjective.

Auguste COMTE,

(10, *rue Monsieur-le-Prince*).

TABLE DES MATIÈRES

ERRATA

—

Lisez : Page 57, ligne 10 : *classes* au lieu de *choses.*
Page 75, ligne 23 : *la* au lieu de *le.*
Page 115, ligne 2 : *raison* au lieu de *motifs.*
Page 123, ligne 32 : *possible* au lieu de *passible.*
Page 161, ligne 12 : *que* au lieu de *qui.*
Page 162, ligne 17 : *leur* au lieu de *lui.*

IMPRIMERIE GAUTHERIN & Cie

131, rue de Vaugirard, 131

9 782016 117804